Renée Hansen · Stephanie Bernoully

Um die Hecke gedacht

Kommunikationsstrategien entwickeln

Mit einleuchtenden *Betrachtungen* **über den** *Gartenzwerg*

Frankfurter Allgemeine Buch

Bibliografische Information der Deutschen Nationalbibliothek
Die Deutsche Nationalbibliothek verzeichnet diese Publikation in der Deutschen Nationalbibliografie; detaillierte bibliografische Daten sind im Internet über http://dnb.dnb.de abrufbar.

Frankfurter Allgemeine Buch

Frankfurter Allgemeine Buch
Frankenallee 71 – 81
60327 Frankfurt am Main

Titelbild: Shutterstock / sky52200
Umschlag: Martin Gorka
Gestaltung: Martin Gorke & Zarka Ghaffar
Satz: Zarka Ghaffar
Druck: Westermann Druck Zwickau GmbH
Printed in Germany

1. Auflage
Frankfurt am Main 2020
ISBN 978-3-96251-086-2

„**Wer nicht** *denken* **will, fliegt raus.**“

Joseph Beuys (1921 – 1986), deutscher Aktionskünstler, Bildhauer und Professor

Inhalts*verzeichnis*

VORWORT 9

KAPITEL 1

ALLES FRISCH AUS DEM GARTEN: DER ROTE FADEN IST *GRÜN* 13

1.1 Interaktionssystem: Treten Sie gedanklich ein! 15

1.2 Gartenzwerg reloaded: das einleuchtende Beispiel 16

KAPITEL 2

UM DIE HECKE GEDACHT: DIE *GEBRAUCHS*ANWEISUNG 19

2.1 Ein weites Feld: Kommunikation ist mehr als Marketing 22

2.2 Das Gras wächst nicht schneller, wenn man daran zieht: Konzepte entwickeln heißt, am Anfang anfangen 26

2.3 Prinzip Bienenstock: Konzeptionsprozesse und Co-Creating 30

2.4 Gemüsekiste oder englischer Garten: Konzeptformate unterscheiden 34

KAPITEL 3

BODEN BEREITEN: WAS IST DER AUFTRAG? VON ANFANG AN *KLARHEIT* SCHAFFEN 43

3.1 Steine aus dem Weg räumen: Gesprächsführung 48

3.2 Zwetschgen statt Pflaumen: Missverständnisse und ihre Folgen 53

3.3 Was könnte blühen? Aufträge annehmen oder ablehnen 55

KAPITEL 4

UMGRABEN: RECHERCHE UND DIE PHASEN DES *BRIEFINGPROZESSES* 61

4.1 Frühbeet anlegen: Formen und Funktionen des Briefings 64

4.2 Von Artenschutz bis Gartencenter: geteilte Verantwortung und geänderte Briefingvorzeichen 69

4.3 Ist eine Rose eine Rose? Sichere Quellen im Zeitalter von Fake News 75

KAPITEL 5

VOGELPERSPEKTIVE: DIE *SITUATION* MIT ABSTAND BETRACHTEN 81

5.1 Feld abstecken: Die Aufgabe gibt den Rahmen der Analyse vor 83

5.2 Daten-Spreu vom Weizen trennen: Fakten selektieren 85

5.3 Anarchie in der Parzelle: die Rolle von Annahmen und Behauptungen 90

5.4 Vier-Felder-Wirtschaft: der Aufbau der SWOT-Analyse 91

5.5 Blick über den Zaun und zurück: innen und außen verschränken 93

5.6 Reif oder überreif: Vielfalt der Analysemethoden 97

5.7 Äpfel statt Birnen: die neue kommunikative Aufgabenstellung 98

KAPITEL 6

ZWERGE OHNE ZWEIFEL: KOMMUNIKATIONS*ZIELE* SETZEN 101

6.1 Kleiner Garten, großer Ertrag? Erwartungen managen 103

6.2 Bestimmen, bestaunen, begießen: Kommunikationsziele und -ebenen 106

6.3 Frühling, Sommer, Herbst: Kommunikationsziele staffeln 109

6.4 Abwiegen und einkochen: Kommunikations-Controlling und Evaluation 111

KAPITEL 7

GEGEN DAS GIEßKANNENPRINZIP: *ZIELGRUPPEN* BESTIMMEN 1115

7.1 Gemeinschaftsgarten: Was ist Öffentlichkeit? 117

7.2 Viele Gärten, eine Kolonie: Milieus und Teilöffentlichkeiten 118

7.3 Hinter die Palisade geschaut: Zielgruppen erkunden 124

7.4 Weiterzwitschern: mehrstufige Kommunikation 130

KAPITEL 8

SÄEN, ABER WAS? POSITIONIERUNG UND *BOTSCHAFTEN* FESTLEGEN 137

8.1 Oase, nur anders: die Soll- oder Re-Positionierung 140

8.2 Flower Power: sprachliche Verdichtung und kreative Leitidee 145

8.3 Knackige Karotten: rhetorische Stilmittel und Kreativtechniken 148

8.4 Raus aus dem Garten: Fokus auf Alleinstellungsmerkmale 152

KAPITEL 9

BÄUME VERSETZEN: DIE *STRATEGIE* ALS LÖSUNGSWEG UND GRUNDLAGE DER STEUERUNG **157**

9.1 Gesang der Krähe: vom Strategieprinzip zur strategischen Leitidee 159

9.2 Klimawandel: Strategien an veränderte Bedingungen anpassen 164

9.3 Zoff am Zaun: Konfliktstrategien 168

KAPITEL 10

ERNTE GUT, ALLES GUT: DIE *TAKTIK* **173**

10.1 Winterschlaf und Frühlingserwachen: Phasen und Zeiträume der Kommunikation festlegen 175

10.2 Landschaftsplan: den strategischen Kommunikations-Mix bestimmen 181

10.3 Prinzip Nutzgarten: verständlich und überzeugend planen 183

10.4 Was die Spatzen von den Dächern pfeifen: Nachrichtenwerte und Abgleich mit der Medienperspektive 185

KAPITEL 11

AUFTRITT DER GARTENZWERGE: *PRÄSENTATION* UND DOKUMENTATION **191**

11.1 Tee-Garten: die Herzen gewinnen und den Verstand überzeugen 193

11.2 Leuchten, Strahler, Spotlights: Sprache und Dramaturgie 194

11.3 Heckenschere oder Harke: die Wahl der Werkzeuge 196

11.4 Gartenschau: Präsentationsformen und -anlässe 202

11.5 Nadel im Heuhaufen: im Team auf Fragen vorbereitet sein 205

11.6 Trockensträuße und Herbarien: die Dokumentation 208

KAPITEL 12

QUERBEET / ANHANG **211**

12.1 Literaturverzeichnis 211

12.2 Stichwortverzeichnis 214

12.3 Verzeichnis der Fälle nach der Reihenfolge ihres Erscheinens 215

NACHWORT UND DANK **216**

ERDBEER –
ERNTE
Recherche

Vorwort

Liebe Leserinnen und Leser,

die Zukunft ist ein Garten.[1] Urban-Gardening-Oasen und vertikale Biotope prägen das Bild der sich wandelnden Gesellschaft. Die Pächter*innen von Kleingärten werden immer jünger. Bienenhaltung auf dem Stadtbalkon und Indoor-Gärten boomen. Wir brauchen das Analoge, um uns zu erden.[2] Im Zeitalter des Megatrends Digitalisierung müssen wir täglich eine wahre Informationsflut verarbeiten. Die Lösung: Kreativität organisiert Logik. Diese Erkenntnis des Zukunftsdenkers Daniel H. Pink[3] hat uns darin bestärkt, in unserem Buch zwei große Bewegungen zu koppeln, um das Thema Konzeption zu vertiefen: den Garten und die Kommunikation. Bereits in unserem ersten gemeinsamen Konzeptionsbuch, ebenfalls von Frankfurter Allgemeine Buch verlegt, hat uns eine neuartige Gartenzwergkollektion durch die Systematik professioneller Kommunikationskonzepte begleitet. Doch das von uns erfundene Beispiel ist in die Jahre gekommen. Die Zielgruppen für unsere Zwerge sind heute andere, weil sich Lebenswirklichkeiten, Lebensstile und die mediale Realität massiv gewandelt haben. Den Gartenzwerg haben wir deshalb neu aufgelegt und um viele weitere Fallbeispiele aus dem Garten ergänzt. „Um die Hecke gedacht" ist eine Einladung, sich mit der Systematik der Strategieentwicklung, mit Kommunikation und ihrer Planung zu beschäftigen – und geht weit über die Ansprüche an ein Handbuch im How-to-Stil hinaus. Wir haben unsere Sicht auf die Dinge in eine Form gebracht, die auch sprunghaftes, interessegeleitetes und ausschnitthaftes Lesen erlaubt. Wir wollen nicht belehren, sondern Neugier wecken und zum Denken anregen. Wer einen Garten anlegt oder ein Konzept entwickelt, denkt in die Zukunft und glaubt an morgen.

Der Garten als Spielraum, aus dem Konzeptaufträge erwachsen

Unsere Inspirationsquelle ist die große Vielfalt der Anlässe, Aufgaben und Auftraggebenden in der Kommunikation, die uns in der Realität immer wieder vor unbekannte Herausforderungen gestellt hat und stellt. Der Garten ist eine Metapher und ein Spielraum, aus dem eine vergleichbare Vielfalt von Konzeptaufträgen erwächst. Wie sieht dein Traumgarten aus? Wir bekämen auf diese Frage wohl so viele Antworten wie unser Buch Leserinnen und Leser findet. Die einen lieben englischen Rasen, während für die anderen der geteilte Genossenschaftsgarten mitten in der Großstadt die Verwirklichung einer Utopie darstellt. Während die einen unter „naturnah" nur Pflanzen aus der eigenen Klimazone verstehen, ist für die anderen schon das Gänseblümchen in der Mauerfuge ein erster Schritt zum eigenen Biotop. Jede*r Gärtner*in hat einzigartige Pläne, Vorstellungen, Wünsche, Träume und Möglichkeiten. So ist es auch mit Kommunikationsstrategien: Jedes Konzept ist einzigartig. Mit diesem Buch feiern wir die Vielfalt der Aufgaben und

Anlässe für Kommunikationskonzepte. Wir stellen eine Methode – oder besser eine Art, kommunikativ zu denken – vor, die das ermöglicht. Konzeptentwicklung, wie wir sie seit vielen Jahren anwenden und vermitteln, verbindet geordnetes Vorgehen mit gestaltender Kraft. Inspiriert haben uns viele Autor*innen und ihre kreative wie kritische Sicht auf Öffentlichkeit und Digitalisierung. Inspiriert haben uns die multiplen Perspektiven anderer Fächer wie die der Mathematik, der Logik, der Psychologie, der Philosophie, der Betriebswirtschaft, des Theaters, der Linguistik oder der Mediation. Inspiriert haben uns die vielen Gespräche mit Fachleuten, Interessierten und unseren Familien. Inspiriert hat uns beide auch die Begeisterung für den eigenen und die vielen anderen Gärten. Sie bieten dem Gartenzwerg, dem wir die Treue halten, einen fruchtbaren Boden und uns einen erweiterten Rahmen, in dem wir kommunikative Herausforderungen anschaulich machen können. Inspirierend ist seit 25 Jahren unser beider Austausch, der stetig wächst und gedeiht. Auch eine Freundschaft kann ein Garten sein.

In diesem Buch beziehen wir uns auf den deutschsprachigen Markt, nicht nur, weil er uns persönlich vertraut ist, sondern auch, weil er ein außergewöhnlicher Markt ist: einer der größten pluralistischen Medienmärkte weltweit, mit föderalen und partizipativen Strukturen in Deutschland, Österreich und der Schweiz, rund 100 Millionen Menschen groß, mitten in Europa. Die Art, wie im deutschsprachigen Raum Kommunikation gedacht wird und Konzepte entstehen, ist anders als etwa im angloamerikanischen. Und sie verändert sich ständig, weil die Zusammenarbeit über Länder- und Kulturgrenzen hinweg auch die Entstehung von Kommunikationskonzepten beeinflusst. Sprache prägt unser Denken, so die Erkenntnis der Hirnforschung und Psychologie.

Nach fast 20 Jahren war es daher Zeit, ein grundlegend neues Buch zum gleichen Thema zu schreiben. Unsere über 40 kommunikativen Fälle aus der Welt des Gartens sind zum Teil frei erfunden, zum Teil stark verfremdet, haben aber alle Realitätsbezug.

Als Kommunikationsverantwortliche sind wir daran gewöhnt, über mehr als einen Tellerrand zu schauen und stehen für eine große Auftragsvielfalt, die den universellen Charakter und die querschnittliche Bedeutung von Kommunikation als Kompetenzfeld verdeutlicht. Kommunikation ist mehr als Marketing. Jedes kommunikative Handeln hat Auswirkungen auf Subsysteme – auf Strukturen, Abteilungen, Menschen, ihren Erfolg, ihre Motivation oder Reputation. Meinungsbildung hat Folgen. Wir wissen auch: Kommunikationsverantwortliche müssen ihre Arbeit häufig genug legitimieren, den Vergleich mit anderen Abteilungen aushalten und immer wieder klarmachen, welchen Unterschied Kommunikation im unternehmerischen, politischen und gesellschaftlichen Handeln macht. Das verwundert vor dem Hintergrund der unglaublich bedeutenden Kategorie Öffentlichkeit. Konzeption ist eine auf Fachwissen, Logik wie Kreativität beruhende Denkleistung, zu der außerdem eine Prise Intuition und eine Portion Erfahrung gehören. Wir wünschen uns, dass dieses Buch allen Rückenwind gibt, die für ihren Platz in Entscheidungsrunden manchmal kämpfen müssen.

Wir gendern (zumindest in der deutschen Sprache, denn sie unterscheidet nach grammatischen Geschlechtern). Nicht nur, weil es uns ein persönliches Anliegen ist, dass dieses Buch sich über Geschlechtergrenzen hinwegsetzt. Der sachlich richtige Umgang mit Vielfalt gehört zu einer zeitgemäßen Sprache. Zwei Drittel aller Menschen in der Kommunikationsbranche sind Frauen, so der Annual Index 2019 der Global Women in Public Relations (GWPR). Aber nur drei Prozent aller Abteilungen und Beratungsunternehmen werden ausschließlich von Frauen geführt, 16 Prozent hingegen sind rein männlich geführt, und nur rund ein Viertel sind paritätisch besetzt. Da ist Luft nach oben. Das generische Maskulinum aufzugeben, trägt zur Bewusstseinsbildung und Veränderung bei. Sprache ist ein wirkmächtiges Medium.

Uns geht es in diesem Buch um eine gute Mischung aus Methodenwissen, Arbeitshilfen und kritischer Betrachtung. Wir schauen auf Schlüsselbegriffe rund um Konzeption, Kommunikation und Öffentlichkeit, auf Fake News, Deepfake und Filterblasen in einer sich transformierenden Medien- und Informationsgesellschaft. Wir thematisieren auch kritische Entwicklungen und Aufträge, die besser abgelehnt werden, weil sie sich als nicht haltbar herausstellen. Unsere Leseempfehlungen am Ende jedes Kapitels und die zitierte Literatur umfassen Klassiker aus Wissenschaft, Kommunikation und Management ebenso wie Beiträge aus dem aktuellen kritischen Diskurs um Soziale Medien und Gesellschaft. Wir wollen Lust auf Weiterlesen machen.

Kommunikation ist eine Notwendigkeit. Dass Begriffen wie Public Relations ein zum Teil unguter Ruf anhängt, hat, wie in allen anderen Fachkontexten auch, damit zu tun, dass es Fälle von missbräuchlicher und tendenziöser Beratung und kommunikativem Handeln gab und gibt. Auch Politik, Wissenschaft, Kirche etc. geraten in Verruf, wenn sie zynisch werden, wenn sie versuchen zu vertuschen, wenn sie ignorieren, herabsetzen, missbrauchen. **Für uns ist Kommunikation weder PR noch Marketing, sondern die Gesamtheit der Mittel und Möglichkeiten, die jeweils notwendig ist, um eine besondere, kommunikative Aufgabe zu lösen. Am Anfang denken wir in Herausforderungen, dann in Lösungen und am Ende in Instrumenten. Jede Aufgabe ist anders.**

Wir sprechen Leser*innen im Studium und in allen kommunikationsrelevanten Funktionen und Berufsfeldern an, in:

- Organisationskommunikation,
- Presse- und Medienarbeit,
- Unternehmenskommunikation,
- politische Kommunikation,
- Marketing,
- Öffentlichkeitsarbeit,
- Werbung,
- digitale Kommunikation,
- Social-Media-Kommunikation,
- interne Kommunikation,
- Change-Communications,
- Non-Profit-Kommunikation,
- Wissenschaftskommunikation,
- Organisationsentwicklung,
- Personalentwicklung,
- HR/Personal,
- Aus- und Weiterbildung,
- Vertrieb,
- Coaching.

Allen wünschen wir eine inspirierende Lektüre.

Wir freuen uns über Feedback, Anregungen und auf persönliche Gespräche.

Stephanie Bernoully und Renée Hansen

Anmerkungen

1 Vgl. Die Zukunft ist ein Garten. 2020. In: https://www.zukunftsinstitut.de/artikel/wohnen/die-zukunft-ist-ein-garten/ [14.07.2020].

2 Vgl. Bleisch, Barbara: Wir müssen uns fragen, wohin die digitale Reise gehen soll. In: https://smart-wissen.ch/menschen/digitalisierung-barbara-bleisch/ [14.07.2020].

3 Vgl. Pink, Daniel H: Unsere kreative Zukunft. Warum und wie wir unser Rechtshirnpotenzial entwickeln müssen. Dt. Erstausg., 1. Aufl. München: Riemann, 2008.

KAPITEL 1

Alles frisch aus dem Garten: Der rote Faden ist *grün*

Es gab sie schon im Barock: Marmorwichtel und Zwerge aus Sandstein für adelige Parkanlagen. Erst später verbreiteten sie sich auch in (klein-)bürgerlichen Vorgärten. Im 19. Jahrhundert gingen Zwerge aus Porzellan und Terracotta dann in Serie, kurz darauf in Massenproduktion, und wurden schnell zu Schutzgeistern erhoben: eine kommunikative Positionierung, der weitere folgten.

Im Kleingarten repräsentieren sie bis heute das Traditionsbewusstsein ihrer Besitzer*innen und gehören fest zu Bambis und Zierspringbrunnen. Sie wurden und werden als Kitsch, typisch deutscher Gartendekor und Geschmacksverirrung geringgeschätzt, mit Stinkefinger, Sonnenbrille oder Fußball gleichzeitig zu Kultobjekten ernannt, mal verboten, dann wiederentdeckt, gesammelt und gefeiert. Zwerge werden in Wahlkämpfen entführt, in Gießharz kopiert und aus Beeten befreit. Als Figuren des öffentlichen Lebens sind Gartenzwerge ein kommunikatives Pfund. Sie sind angreifbar und veränderbar. Sie können Konkurrenz bekommen und Krisen erleben. Sie repräsentieren Trends und Beständigkeit. Sie sind Kulturgüter und Projektionsflächen. Was ist ein echter Gartenzwerg? Was nicht? Und was dann? Darüber streiten sich die Geister. In unserem neuen Buch spielen sie als kommunikative Projektionsfläche wieder eine herausragende Rolle, um den Konzeptionsprozess zu veranschaulichen. Warum?

Konzeption ist eine Denk- und Kreativleistung, die einem bewährten Vorgehen folgt. Wie entsteht eine Faktenlage? Wann ist sie vollständig und welche Schlüsse lassen sich daraus ziehen? Was ist ein strategisches Ziel und was ein taktisches? Auf solche methodischen Fragen geben wir Antworten – ausführlich und Schritt für Schritt. Aber das allein garantiert noch keine Aha-Effekte.

1.1 Interaktionssystem: Treten Sie gedanklich ein!

Wir entführen unsere Leser*innen in einen Mikrokosmos, der das weite Feld der Konzeption überschaubar hält, anschaulich macht und gleichzeitig komplex ist: den Garten. Öffentliche Gärten lassen sich als einfache Interaktionssysteme denken, in denen „(…) Menschen heterogener Herkünfte mehr oder weniger zufällig aufeinander treffen und miteinander kommunizieren."[1] Gärten kennt jede*r. Gärten – auch Schrebergärten – boomen. Und das, wie wir zeigen werden, nicht nur draußen. Leser*innen jeder Branche können gedanklich somit leicht „eintreten". Gärten sind natürliche Metaphern für Blüte und Ernte, von Graswurzel bis Vogelperspektive und auch für die Frage, was aufgeht und was nicht. Sie fördern eine erholsame Distanz und die Konzentration auf das Eigentliche: Konzeption zu erlernen. Planen bedeutet, Entscheidungen für die Zukunft zu treffen, den besten Weg einzuschlagen und bestenfalls Handlungsalternativen zu haben.

Ohne Plan kein Plan B. In unserem Garten gedeihen erfundene Fälle, die so oder so ähnlich gelagert sein könnten und von wahren Begebenheiten inspiriert sind. Wir haben sie recherchiert oder der eigenen Praxiserfahrung entlehnt und mit Gartenmitteln verfremdet. Wir nutzen die Beispiele, um zu verdeutlichen, was Planen von Nichtplanen unterscheidet, unter anderem:

- was Anlässe und Aufgaben von Kommunikation sind,
- was Stärken und Schwächen von Chancen und Risiken unterscheidet,
- wie sich Ziele an Zeitplänen festmachen lassen,
- was Zielgruppen unterscheidet,
- was eine Strategie zur Strategie macht,
- warum Maßnahmen keine Strategien sind,
- was positionieren bedeutet.

> **„Le Gartenzwerg est mort,** *vive le* **Gartenzwerg!“**
>
> Gerd W. Heyse (*1930), auch: Ernst Heiter, deutscher Schriftsteller und Aphoristiker

Fälle querbeet: frei erfunden, aber realitätsnah

Die Beispiele aus der Gartenwelt werben für Umweltschutz und Bienenwiesen, positionieren Rasenmäher oder regen zum Umdenken über Nachbars Zaun an. Rhetorik und Framing beziehen wir ebenso auf den Garten wie Krisen oder Aufbrüche. Von Ameisenhaufen bis Zwerg reichen die Beispiele, die Städte, Kommunen, Stiftungen, Forschungsverbünde, Universitäten, Verbände, Vereine, Organisationen – und selbstverständlich Unternehmen jeder Größe – erleben und vergeben.

1.2 Gartenzwerg reloaded: das einleuchtende Beispiel

Eines dieser Unternehmen ist (und bleibt) der Fall mit den Gartenzwergen[2], für den sich die Umfeldbedingungen seit seiner Erfindung vor rund 20 Jahren ordentlich verändert haben. Trotzdem bringen auch die neuesten Fakten keine wirkliche Besserung: Wie wir erfahren werden, hat die Garten & Schmuck GmbH für eine neuartige Gartenzwergserie bereits Geschmacksmusterschutz beantragt. Sie glaubt fest an eine Revolution im Sortiment, das seit Jahren und beständig aus Klappstühlen, Heckenscheren, wasserspeienden Fröschen und Vogelhäuschen besteht. Jetzt soll sich das ändern. Eine Erfindung muss her, die für Furore sorgt, etwas, worüber die Leute reden. Der Fall um das mittelständische Unternehmen, das in den veränderungsresistenten Welten des Kleingärtnerns und des eigenen Unternehmens einen (Gesinnungs-)Wandel anstoßen will, schlussendlich im Garten aber kein Land gewinnt, ist ein Klassiker geworden. Die Zwerge machen deutlich, dass der Auftrag vom Anfang sich im Laufe des Konzepts komplett verändern kann. Ob Abverkauf, Akzeptanzgewinn oder Veränderungskommunikation:

Konzepte sind Klärungsprozesse. Auch wenn klar wird, dass die Idee nicht aufgeht, weil weder Ziele noch Zielgruppen erreichbar sind, ist das eine wichtige, weil weiterführende Erkenntnis. Unser Buch ist ein Workbook: Wir laden dazu ein, die Trampelpfade zu verlassen, mit uns wortwörtlich um die Hecke zu denken, das Gießkannenprinzip zu hinterfragen und öfter mal ordentlich umzugraben. Beim Lesen und Mitarbeiten wünschen wir viel Spaß.

Garten & Fakten

- **In Deutschland gibt es insgesamt 17 Millionen Gärten.**[3]
- **Davon sind eine Million Schrebergärten. Deutschland ist in Europa führend. Allein die Schrebergärten bedecken eine Fläche von etwa 66.000 Fußballfeldern.**
- **2019 besaßen laut Statista rund 36,2 Millionen Personen ab 14 Jahren einen Garten oder lebten in einem Haushalt mit Garten.**[4]
- **Jeder zweite Haushalt (48 %) hat einen Garten am Haus.**
- **7 % haben einen Klein- oder Schrebergarten.**
- **7 % haben einen Gemeinschaftsgarten.**
- **67 % der Haushalte besitzen einen Balkon oder eine Terrasse.**[5]
- **Rund 8,97 Millionen Personen in Deutschland ab 14 Jahren arbeiten mehrmals wöchentlich im Garten. Gärtnern ist die zweitbeliebteste Freizeittätigkeit nach Entspannen.**[6]

Garten & Fakten

- **Unter allen Gartenarbeiten ist Unkrautjäten am unbeliebtesten. Das finden 25 % der Befragten. Nur 13 % bekämpfen ungern Schädlinge. Das entspricht der Zahl derjenigen, die ungern Grills reinigen.**
- **68 % wünschen sich Ziersträucher und Blühpflanzen.**
- **65 % wollen gern Gemüse und Kräuter anbauen.**
- **62 % wünschen sich Naschpflanzen (Hecken und Sträucher).**
- **61 % sind Rasenfans.**
- **58 % wollen Obstbäume im Garten.**
- **Nur 1,4 % wollen statt Pflanzen einen Kies- oder Steingarten.**
- **Die Geranie ist die beliebteste Beet- und Balkonpflanze und der Efeu die beliebteste Grünpflanze.**

Anmerkungen

1 Gerhards, Jürgen; Neidhardt, Friedhelm: Strukturen und Funktionen moderner Öffentlichkeit. Veröffentlichungsreihe Wissenschaftszentrum Berlin für Sozialforschung. 1990: 20. https://bibliothek.wzb.eu/pdf/1990/iii90-101.pdf [17.07.2020].

2 In unserem Buch „Konzeptionspraxis", dem Vorläufer dieses Buches, hatten wir die Einführung einer neuen Gartenzwergserie der „Garten & Schmuck GmbH" als fiktives Beispiel für eine Produkt-PR-Kampagne genutzt.

3 Vgl. Welt in Zahlen – Garten. https://www.daserste.de/information/wissen-kultur/w-wie-wissen/sendung/2010/welt-in-zahlen-garten-100.html [17.07.2020].

4 Vgl. Anzahl der Personen in Deutschland, die einen Balkon oder eine Terrasse besitzen, von 2016 bis 2019. Zitiert nach de.statista.com. https://de.statista.com/statistik/daten/studie/171446/umfrage/besitz-eines-gartens/ [17.07.2020].

5 Vgl. Deutschland, deine Gärten: https://wohnglueck.de/artikel/gaerten-in-deutschland-zahlen-36505 [17.07.2020].

6 Vgl. Welt in Zahlen – Garten. Ebd.

KAPITEL 2

Um die Hecke gedacht: die *Gebrauchs-*anweisung

Die Gartenzwerge der Garten & Schmuck GmbH gibt es nun schon seit dem Jahr 2002. Sie haben uns und unseren Leser*innen beim Entwickeln von Kommunikationsstrategien gute Dienste geleistet. In der Zwischenzeit hat sich die Welt verändert, vor allem die mediale Welt. Social Media, Blogs, Podcasts: Neue Formate bieten zielgruppengenauere und breitere Ansprachemöglichkeiten, verändern Kommunikation aber auch tiefgreifend.

Aus dem alten Kommunikationsmodell von Senden und Empfangen ist ein triadisches Modell mit Dritten geworden. Das wirtschaftliche Geschäft mit Nutzerdaten hat eine Industrie hervorgebracht, die immer mitliest und eingreift. Die schöne, neue digitale Welt handelt mit Fake News und Deepfakes.[1] „Zum anderen wird Kommunikation zunehmend triadisch, weil auch bei persönlicher Kommunikation zwischen zwei Akteuren stets ein reales und imaginiertes Publikum beteiligt ist, das mitliest oder über Shares an der Kommunikation beteiligt wird (zum Beispiel die „Freunde von Freunden" bei Facebook)"[2], so die Schlussfolgerungen der Kommunikationswissenschaftlerin Ulrike Klinger. Waren es früher die getrennten Welten journalistischer Massenmedien und ihrer Rezipient*innen, so schaffen sich Menschen heute selbst mediale Teilöffentlichkeiten. Sie kommunizieren, teilen und kommentieren weit über ihr persönliches Netzwerk hinaus. Das alles hat Auswirkungen auf die Entstehung und Dynamik von Öffentlichkeit und verändert eben nicht nur die Medienwelt, sondern auch alle anderen gesellschaftlichen Instanzen. Politik, Kirche/Religionsgemeinschaften und Wirtschaft übernehmen längst selbst Teile der medialen Produktion. Konnektivität und Individualisierung gehören zu den robusten Megatrends, Neo-Ökologie und New Work gelten als Change-Motoren der Zukunft.[3] Die Akteur*innen der Wissensgesellschaft brauchen unter diesen Bedingungen mehr denn je Konzeptions- und Kreationsvermögen. Sie müssen ihre Kompetenz für faktenbasierte Kommunikation in einer hochdiversifizierten Welt der Filterblasen ausbauen, hinterfragen und in einer Zeit großer Transformationen Aufmerksamkeit organisieren. Die Welt verändert sich. Auch deshalb hat dieses Buch einen komplett neuen Aufbau und methodischen Ansatz:

- Wir vermitteln in Begriffsvertiefungen, Randnotizen und Exkursen die mannigfaltige Verbindung zu und die vielfältigen Einflüsse aus anderen Fachwelten.
- Jedes Kapitel enthält darüber hinaus Checklisten und grafisch aufbereitete Informationen, die einen unmittelbaren praktischen Nutzen haben: Von Merkmalen guter Gesprächsführung und Sinusmilieus über Kreativtechniken, New-Work-Methoden bis hin zu Nachrichtenwerten und Influencer-Kommunikation geben wir Input.

- Wir beziehen uns auf zahlreiche Quellen aus der Fachliteratur und geben am Ende jedes Kapitels Literaturtipps. Wir regen dazu an, nachzulesen und zu hinterfragen. Deshalb zitieren wir auch kritische Stimmen und widmen uns unter anderem dem Stellenwert ausführlicher Recherche. Einige unserer Kernaussagen kennzeichnen wir zum späteren Nachlesen mit einem Laternensymbol.
- Als Workbook bietet das Buch außerdem viele Angebote, selbst Analysen vorzunehmen, Strategien zu entwickeln, Dramaturgien und Zeitpläne zu erstellen. Denkanstöße schaffen ein besseres Verständnis vom stufenweisen Vorgehen im Konzeptionsprozess und sind Futter für die intrinsische Motivation.
- Das Praxisbeispiel Gartenzwerg zieht sich durch. Vom Briefinggespräch bis zur Präsentation folgen Sie Kapitel für Kapitel diesem Fall.
- Mit zusätzlichen Beispieln aus der Kommunikationspraxis vertiefen wir in jedem Kapitel die gegebenen Informationen.
- Am Ende finden sich ein Gesamtverzeichnis der Literatur, der wichtigsten Stichworte sowie eine Übersicht der Fallbeispiele in der Reihenfolge ihres Erscheinens.
- Die Digitalisierung verändert Lesegewohnheiten. Das Buch erlaubt, zwischen den Kapiteln zu springen. Entsprechende Piktogramme zeigen an, wo es um Begriffsbestimmungen, Literatur, Checklisten, Exkurse, den Fall der Gartenzwerge oder andere Fälle aus dem Garten geht.

Wir geben Gelegenheit, gedanklich einzutauchen und bieten einen Kontrapunkt zum Multitasking-Lesen. **Konzeptionsentwicklung ist vor allem Denk-Arbeit.** Idealerweise heißt das, Denken und Ringen um die beste Lösung im Team. In den vergangenen Jahren sind viele Tools unter dem Stichwort Konzeptionsmethodik hinzugekommen. Wir stellen einige davon auf den Prüfstand und beleuchten ihren Einsatz.

Mit dieser „Gebrauchsanweisung“ schaffen wir zunächst ein gemeinsames Verständnis davon, was Kommunikation als Teil von Organisationen, Unternehmen, Behörden, NGOs und Institutionen eigentlich ist: die grüne Wiese, auf der sich die neuen Zwerge und viele weitere Fälle im Buch entfalten können. Sie werden mit ganz unterschiedlichen Herausforderungen und Teilaufgaben konfrontiert.

2.1 Ein weites Feld: Kommunikation ist mehr als Marketing

Bei der Lektüre der Fachliteratur zum Themenfeld Konzeption, Strategieentwicklung und Positionierung entsteht der Eindruck, professionelle Kommunikation sei – mehr oder weniger – mit Marketing gleichzusetzen. Die dargestellten Aufgaben beziehen sich fast durchgehend auf Unternehmen und ihre wirtschaftlichen Herausforderungen in Bezug auf Produkte und Markenbildung. Die große Zahl gesellschaftspolitischer Aufträge, Aufgaben im Bereich Veränderungskommunikation und Aushandlungsprozesse über Normen und Werte kommen kaum vor. Bezahlte und organisierte Kommunikation soll damit vor allem eines: Konsum ankurbeln und verkaufen. Wir sind permanent aufgerufen zu verbrauchen, zu mieten, zu abonnieren: Luxusautos, Tattoos, Aktienpakete, regionales Biogemüse, die Achtsamkeits-App, die x-ste Jeans, Schnäppchen-Fernreisen, ein reines Gewissen oder einfach nur eine gute Idee. Ja, Kommunikation kann dazu beitragen zu verkaufen. Doch sie

Was?	Warum?	Piktogramm
Glossar	Begriffsklärung	
Exkurs	gedankliche Ausflüge	
Checklisten und Methoden	praktische Unterstützung	
Der Fall Gartenzwerg	durchgehendes Praxisbeispiel	
Fall aus dem Garten	punktuelles Praxisbeispiel	
Denkanstoß	Anregungen zum Nachdenken	
Merksatz	Erinnerungshilfe beim Durchblättern	

kann deutlich mehr. Kommunikation ist unverzichtbar, wenn Organisationen sich verändern, wenn sie in Krisen geraten, wenn sie ihre Interessen in einer Welt voller Aufmerksamkeitsdefizite vertreten müssen, sie von neuen Gesetzen betroffen sind, wenn sie neue Mitarbeitende oder Mitglieder an Bord holen wollen oder wenn sie glaubhaft machen müssen, dass sie Verantwortung für die sozialen, kulturellen und ökologischen Belange der Welt übernehmen, zu der sie gehören.  **Wir setzen uns hier bewusst für einen ganzheitlichen Begriff von Kommunikation in allen möglichen Zusammenhängen ein, der weit über die Unternehmenslandschaft hinausreicht.**

Kommunikation ist die Fähigkeit, den eigenen Platz in der Gesellschaft und in seinen Märkten zu behaupten und damit den wirtschaftlichen, kulturellen oder sozialen Erfolg abzusichern. Kommunikationsverantwortliche erhalten ihre Aufgaben aus allen Teilen der Organisation und müssen sie konzeptionell durchdringen. Wir wollen damit deutlich machen, dass Konzeption immer eine Planungsaufgabe ist, aber auch

- eine Klärungsaufgabe, die die Fähigkeit zur Moderation und zur Mediation erfordert,
- eine analytische Aufgabe, die sowohl Logik als auch Heuristik einschließt,
- eine Kreativaufgabe, die schnelles Umdenken und die Anleitung anderer zum Perspektivwechsel verlangt,
- eine strategische Aufgabe, die zu begründeten Wegentscheidungen führt,
- eine Managementaufgabe, die Dramaturgie und Prozesssteuerung umfasst,
- eine Beratungsaufgabe, die Abstand benötigt, sich auf Kommunikation konzentriert, und dennoch manifesten Einfluss auf Strukturen haben kann,
- eine Kompetenz, die spezifisches Wissen und Faktenbezüge erfordert.

Konzepte sind maßgeschneiderte Problemlösungen für besondere Kommunikationsaufgaben. Perception is reality. Kommunikation kann Fakten nicht ändern, wohl aber Wahrnehmung und Bewusstsein. Hans Rosling hat sich als Arzt viele Jahre mit den Fakten zur Weltgesundheit und deren Wahrnehmung beschäftigt. In seinem Buch „Factfulness" legt er den kollektiven Wissensmangel über Fakten offen. „Wie sollen also Politiker und andere Entscheidungsträger Probleme im globalen Maßstab lösen, wenn ihre Entscheidungen auf falschen Fakten beruhen? Wie sollen Geschäftsleute vernünftige Entscheidungen für ihre Unternehmen treffen, wenn ihre Weltsicht auf dem Kopf steht? Und wie kann jeder Einzelne von uns im alltäglichen Leben wissen, worauf es wirklich ankommt und worüber er sich Sorgen machen muss?" schreibt Rosling.[4] Auch der Psychologe Gerd Gigerenzer[5] fordert den kompetenten Umgang mit Zahlen, Daten und Statistiken ein. Kaum jemand, so Gigerenzer, sei in der Lage die Aussagen über Regenwahrscheinlichkeiten in einem einfachen Wettbericht richtig zu interpretieren. Es ist vorstellbar, was das für die Deutung von Bilanzen, Eintrittswahrscheinlichkeiten gesellschaftlicher Veränderungen und Fehlbewertungen wissenschaftlicher Daten in einer Krise wie der Corona-Pandemie heißt. Eine der verantwortungsvollsten Aufgaben in Organisationen sollte demnach der richtige Umgang mit Faktenwissen und Zahlen sein. Filterblasen, Echokammern und scheinbar alternativlose Entscheidungen sind die Ergebnisse einer Verbreitung falscher, verzerrter oder verkürzter Tatsachen. Meinungsbildung hat Folgen. Weltanschauliche Diskurse verhärten sich zu Hass. Diktator*innen schaffen es in demokratischen Systemen an die Macht. Gerüchte und üble Nachrede richten Schäden an. Wie sehr wir uns mehr oder weniger bereitwillig von der Faktizität der vermittelten Inhalte entfernen, ist uns nicht immer bewusst. Niemand ist davor gefeit, falschen Informationen oder Interpretationen aufzusitzen. Umso wichtiger ist es, dass die Kommunikationsverantwortlichen in Organisationen – bei aller Kreativität, Schnelllebigkeit und oft erwünschten Aufmerksamkeitswucht – gewissenhaft bleiben. Ihre Aufgabe erfordert Sorgfalt sowie reflektiertes und kritisches Denken.

Damit Kommunikation wirksam werden kann, braucht sie Glaubwürdigkeit. Glaubwürdigkeit ist ein Attribut, eine Zuschreibung, die man sich erwerben muss. Als glaubwürdig kann der Inhalt einer Botschaft, können aber auch ihr*e Absender*innen, also Menschen, Organisationen, Marken oder Produkte, gelten. Glaubwürdigkeit entsteht, wenn Handeln und Kommunizieren kongruent sind oder sich dies zumindest als wahrscheinlich annehmen lässt. Leser*innen, Kund*innen, Mitglieder und Mitarbeitende müssen das, was ihnen vermittelt wird, als wahrhaftig erleben können. Auch Medien und andere Multiplikator*innen selbst brauchen Glaubwürdigkeit, damit ihnen jemand zuhört und sich auf Grundlage ihrer Beiträge eine Meinung bildet.

Wahrhaftigkeit in der Kommunikation

Es übersteigt die menschlichen Möglichkeiten, sämtliche Fakten zu überprüfen, die in einer Aussage, einer Bewertung, einer Aufforderung oder einer Meinungsäußerung stecken. Menschen müssen sich weitestgehend darauf verlassen können, dass stimmt, was sie hören, lesen und sehen. Journalist*innen, Blogger*innen und Opinion Leader sorgen dafür, dass Informationen verbreitet, aber auch dass sie bewertet werden und die sogenannten Filterblasen füllen. **Filterblasen leben von der Bestätigung bereits geteilter Standpunkte und Informationen.** Menschen begeben sich gern in diese meist virtuellen Teilöffentlichkeiten, weil sie die Komplexität der Welt fernhalten und sie für viele erträglicher und handhabbarer machen. Je häufiger eine Botschaft wiederholt wird – und sei sie noch so falsch –, desto größer wird die Wahrscheinlichkeit, dass sie Vertrauen erhält und weitergetragen wird. Die Folge sind Bestätigungsfehler, also Aussagen, die wir für richtig halten, nur weil sie einen hohen Verbreitungsgrad besitzen, und die niemand mehr hinterfragt. Solche Falschaussagen lassen sich in sehr homogenen Gruppen einfacher erhärten. Auch die in der Hirnforschung untersuchte Interpretation von Sprache, derzufolge Deutungsrahmen (Frames) zur unbewussten Bewertung jedes Wortes führen und es folglich keine wertfreie Sprache geben kann, belegt die große Verantwortung von Organisationen für die Reflexion ihrer gesendeten Botschaften. Was kommt an? Je weniger Zeit zum Nachdenken, je homogener die Selektion der Informationen und je mehr Glaubwürdigkeit ihren Protagonist*innen zugeschrieben wird, umso größer ist die Chance auf falsche Gewissheiten. Kommunikation, die auf Fakten beruht und aufrichtig argumentiert, ist eine anstrengende, für eine demokratische Gesellschaft aber notwendige Aufgabe. Sie muss es in die vielen Filterblasen schaffen, um Akzeptanz zu erringen und dort zur Meinungsbildung beizutragen.

Kommunikation hat Grenzen

Wie wir eingangs sagten, hat Kommunikation, neben den vielen Möglichkeiten, klare Grenzen. Sie kann keine Naturgesetze außer Kraft setzen. Sie kann keine Krankheiten heilen, keine Produktfehler bereinigen und keine sozialen Missstände beheben. Sie kann auch nicht ordnungspolitische Lücken schließen. Aber sie kann über Fehler schnell und sicher informieren, Krisen ankündigen, deren Folgen abmildern helfen, auf soziale Missstände hinweisen und sie in den öffentlichen Diskurs tragen. Sie kann aufklären, aufmerksam machen, Interesse wecken Fragen stellen, zum Umdenken anregen, Mehrheiten beschaffen, Werte vermitteln, Akzeptanz einwerben, Verständnis erzeugen und Menschen dazu motivieren, ihr Verhalten zu verändern. Kommunikation begleitet das private, politische oder unternehmerische Handeln. Sie kann vermitteln und zur Lösung beitragen.

Iteration

Eine Vorgehensweise, um mit Veränderungen umzugehen, deren Auswirkungen noch nicht genau prognostizierbar sind. Sicherheit im Handeln ist nur vorläufig möglich. Unklarheiten werden sukzessive, im Verlauf der Veränderung, abgebaut und nicht sofort und linear. Iterativ vorgehen heißt, am Start des Konzeptionsprozesses die Lösung noch nicht zu kennen – obwohl manchmal schon eine Ahnung oder Idee vorhanden ist. Auch in jeder folgenden Stufe ist es grundsätzlich möglich, zurückzugehen, um zu überprüfen, ob die getroffenen Teilentscheidungen immer noch tragfähig sind beziehungsweise logisch aufeinander aufbauen: Wenn zum Beispiel die kreative Leitidee gefunden ist, sich aber rückwirkend feststellen lässt, dass die Ziele nicht ausreichend darauf abgestimmt sind. Auch wenn sich kurz vor Abschluss wesentliche Fakten der Analyse verändern, die Auswirkungen auf die Strategie haben, ist es notwendig, zurückzugehen und die Analyse sowie alle folgenden Entwicklungsstufen anzupassen. Diese Möglichkeit, Arbeitsschritte in Schleifen noch einmal zu durchlaufen, schließt an die in der Mathematik verwendete Definition von Iteration an: die wiederholte Anwendung derselben Funktion.

2.2 Das Gras wächst nicht schneller, wenn man daran zieht: Konzepte entwickeln heißt, am Anfang anfangen

Erfahrungsgemäß gehen viele nach der Aufgabenstellung unmittelbar zur Maßnahmenplanung über. Konzepte beginnen aber mit der Analyse und nicht mit der Planung von Maßnahmen. Im Konzeptionsprozess steht das Kapitel Taktik ganz am Schluss.

Konzepte beginnen mit der Analyse und nicht mit der Planung von Maßnahmen. Das bedeutet: Zielführende und strategisch sinnvolle Maßnahmen können erst dann entwickelt werden, wenn Ziele und Strategie feststehen. Wer glaubt, die Lösung schon im Moment der Problemstellung zu kennen, hat zwar eine Idee, jedoch noch kein Konzept. Denn es gibt keinen Beleg dafür, dass diese Idee richtig ist. Wer der schnellen Lösung misstraut, wer sich nicht sicher ist, ob der naheliegende Plan auch der Beste ist, wer keine einfache Antwort hat, dafür aber Respekt vor der Dimension oder Komplexität der Aufgabe, wer eigene Planungsroutinen und Altbewährtes in Zweifel zieht und auf die Intelligenz und den Abstand anderer setzt, dem*der empfehlen wir ein konzeptionelles, iteratives Vorgehen.

Gelerntes Problemlösungsverhalten steht uns dabei manchmal im Weg. Auch wenn die meisten Kommunikationsverantwortlichen eine akademische Ausbildung absolviert haben, erleben sie im beruflichen Kontext oft, dass für wissenschaftliche Präzision oder eine wirkliche Auseinandersetzung mit der Aufgabenstellung wenig Zeit bleibt. Gewünscht ist eine schnelle Lösung – am besten gleich mit neuen Tools: Tiktok, Podcast, Alexa oder Chatbots. Die Palette erneuert sich ständig. Ein Griff in die Kiste ist so einfach. Konzept und Strategie? Klingt gut, aber auch anstrengend, lange und teuer. Neue Tools bedeuten häufig auch neue Heilsversprechen für eigentlich komplexe Herausforderungen. Die anonyme, aber treffende Aussage „Wer als Werkzeug nur einen Hammer hat, sieht in jedem Problem einen Nagel." benennt die Neigung, von den Instrumenten und nicht von der Problemlage aus zu denken. Es lohnt sich, jede Neuigkeit anzuschauen und zu überlegen, wofür sie sich einsetzen ließe oder was sie leisten kann. Nachhaltige Lösungen in einer komplexen Welt bieten solche Maßnahmen als Mittel zum Zweck aber nicht. Die meisten Kommunikationsaufgaben in Gesellschaft, Politik, Wissenschaft oder Wirtschaft sind komplex. Ihre Lösung erfordert ein umfassendes Kommunikationsverständnis und Steuerung.

Kommunikationsprozesse sind an die Öffentlichkeit adressiert und unterliegen Störungen. Nach einem Skandal die Reputation wieder aufbauen, politische Interessen in den gesellschaftlichen Diskurs tragen, Vertrauen von Menschen zurückgewinnen, Bekanntheit und Akzeptanz für eine ganz neue Idee schaffen, Meinungs- und Absatzmärkte für neue Produkte und Marken erschließen – das alles lässt sich nur prozesshaft denken. Es ist deshalb lohnenswert und unumgänglich, sich zunächst das Problem klarzumachen und das kommunikative Umfeld zu betrachten, dann Erfolgsaussichten realistisch einzuschätzen, Zielgruppen besser kennenzulernen, eine passende Lösung oder Strategie zu entwickeln und erst zum Schluss eine Entscheidung für die Instrumente zu treffen. Die Investition in Auftragsklärung, Analyse und die systematische Entwicklung einer tragfähigen Lösung stärkt das interne Vertrauen in die Leistungsfähigkeit guter Kommunikation.

Konzepte ersparen Umwege, schonen Ressourcen und helfen Fehlinvestitionen zu vermeiden. Konzepte entwickeln heißt, die Folgen des kommunikativen Handelns abschätzen. Wer gärtnert, weiß, dass die Erfahrung mit jedem Jahr wächst. Was gedeiht wann und unter welchen Umständen am besten? Taugt der Boden für Kartoffeln? Wie entwickelt sich das Wetter? Einschätzungen und Vorhersagen gehören zur Gartenarbeit. In der Kommunikation lässt sich die Situation vorausschauend ebenfalls richtig interpretieren: durch Recherchen und Faktenkenntnis, den Vergleich mit andere Beispielen und die Arbeit mit Szenarien. Was wird passieren, wenn …? Folgenabschätzung bedeutet, Erfahrungs- und Fachwissen systematisch zu sammeln, auszuwerten und bei der Beurteilung möglicher Szenarien anzuwenden. Subjektive Einschätzungen ohne Beweisführung können bewirken, dass die kommunikative Umsetzung folgenlos bleibt oder die ursprüngliche Absicht durchkreuzt wird. Es gibt viele solcher Beispiele: von missverständlichen, englischsprachigen

Etikettenschwindel eines Rosenzüchters

Ein einfaches Beispiel für Schnellschüsse, die schiefgehen: Ein englischer, traditioneller Rosenzuchtbetrieb im Familienbesitz vertreibt seine Edelgewächse über die eigene Homepage international an private Haushalte. Wegen des zunehmenden Erfolgs in Deutschland, Österreich und der Schweiz beschließt die Familie, eine deutschsprachige Facebook-Seite aufzubauen. Zum Start ruft sie die Community auf, sich einen Namen für eine neue Rose auszudenken: Call to action. Der Mechanismus ist ein Wettbewerb. Die User posten ihre Vorschläge und die Community stimmt ab. Dann passiert, was passieren muss. Der Namensvorschlag „Neurose" erhält die meisten Likes. Die Community findet die schräge Idee super. Für die Familie kommt der Vorschlag keinesfalls in Frage. Zwischen „Princess Rose" und „Lady Mortimer" kann im Sortiment eine derartige Abweichung nur irritierend klingen. Keiner hat mit einem solchen Ausgang gerechnet. Die Community ist entrüstet darüber, dass der Betrieb den favorisierten Vorschlag stillschweigend unter den Teppich kehrt und einfach den zweitplatzierten Namensvorschlag „Orange Blue" zum Sieger kürt. Die Folge ist ein Shitstorm. Das Unternehmen muss sich erklären und entschuldigen. Die Idee war konzeptionell nicht wirklich durchdacht.

Wie verhalten sich User? Was könnte der Worst Case sein und wie reagiert die Organisation in diesem Fall? Welche Regeln gelten für den Prozess im Netz? Eine Analyse und die Frage nach den Zielgruppen und ihrem Mindset hätte die Risiken vorher bereits sichtbar gemacht. Am Ende hätte das der Aktion zum Erfolg verholfen und den Shitstorm verhindert.

Social-Media-Wildwuchs im Landschaftsbau

Ein internationaler Maschinenhersteller mit Spezialisierung auf leichte Geräte für den Landschaftsbau betreibt seit einigen Jahren halbherzig und mit wenig Erfolg

diverse Social-Media-Seiten. Das zuständige Team stellt bei näherer Betrachtung fest, dass neben den offiziellen und eher stillen Präsenzen noch einige andere Seiten mit dem Unternehmensnamen existieren. Herkunft und Zweck sind nicht ganz ersichtlich. Einige Standorte in anderen Ländern haben auch schon eigene Seiten aufgebaut. Alles ist ein einziger Wildwuchs. Wie ist es dazu gekommen? Die Zentrale hat dem zunehmenden Ruf „Ihr müsst auch im B-to-B-Bereich was mit Social Media machen!“ nachgegeben und zunächst Testballons steigen lassen. Sie hat eine Facebook-Seite eröffnet und ein paar Leute aus dem Management Xing-Profile anlegen lassen. In der Zwischenzeit aber haben sich die unterschiedlichen Plattformen in einigen Ländern schneller entwickelt als am Hauptstandort. Die Mitarbeitenden dort haben eigene Seiten erstellt und zum Teil mit einigem Erfolg Follower, Fans und Bewerber*innen angesprochen – Zeit, sich nun auch in der Konzernzentrale gründlicher mit der Sache zu beschäftigen. Eine Social-Media-Strategie muss her. Entscheidend dafür, dass das Unternehmen eine schlüssige Architektur seiner Kanäle aufbauen kann, ist aber nicht das „anything goes“, sondern die Analyse. Facebook, so findet das beauftragte Team heraus, ist vor allem als Kanal in die Belegschaft, zu dem entsprechenden Employer-Branding sowie für die Standortkommunikation wichtig. Der zweite wichtige Kanal ist Twitter. Den hatte das Unternehmen bis dahin gar nicht bespielt, stellt jetzt aber fest, dass sich darüber die Fach- und Wirtschaftspresse erreichen lässt. Nur zu diesem Zweck wird er jetzt aufgebaut. Der Startpunkt für die erfolgreiche Social-Media-Kommunikation ist also das Konzept, das sich in der Folge und entlang der User-Bedürfnisse und technischen Möglichkeiten weiterentwickeln lässt.

Werbebotschaften für ein deutsches Publikum über vorgestanzte Sätze auf Twitter, die zwar juristisch richtig, aber wenig empathisch sind, bis zur zynischen Rede im Bundestag. Zynismus hat in einer auf Verständigung abzielenden Kommunikation ohnehin nichts verloren. Roger Willemsen hat das zutreffend reflektiert: „Seiner Natur nach darf der Abgeordnete kein Zyniker sein, schließt doch Zynismus die Zustimmung zur Zerstörung ein und enthält so eine Absage an den Humanismus, dem sich das Parlament verdankt und den es immer noch auf den neuesten Stand bringen sollte."[6] Viele Skandale um Begriffe und falsche oder falsch verstandene Äußerungen zeigen, wie planlos häufig kommuniziert wird und welche zum Teil schwerwiegenden Folgen damit verbunden sind.

Folgenabschätzung oder die Frage nach den Auswirkungen ist eine kritische Denkroutine, die von Perspektivwechseln lebt. Eine Situation in der Zukunft wird aus der Sicht Dritter betrachtet. Was würden sie sagen, verstehen oder tun? Wie würden sie reagieren? Was könnte im besten Falle passieren? Was im schlechtesten? Welche Argumente sprechen demnach für welches Szenario? Die eigene Perspektive kritisch zu hinterfragen, verringert das Risiko für ein Misslingen des geplanten Kommunikationsprozesses. Erst wenn dieser Abwägungsprozess auf einem guten Fundament tragfähiger Fakten steht, sollten strategische Entscheidungen für die Kommunikation getroffen werden. In Kapitel 9 (Strategie) vertiefen wir dieses Vorgehen weiter.

2.3 Prinzip Bienenstock: Konzeptionsprozesse und Co-Creating

In welchen Konstellationen entstehen Konzepte im Alltag von Unternehmen, Organisationen und Agenturen? Wer arbeitet tatsächlich daran? Und wie lässt sich der Arbeitsprozess am besten gestalten, so dass am Ende eine tragfähige, akzeptierte und verbindliche Lösung entsteht? Es ist wie im Bienenstock. Einige schwärmen aus und suchen den Nektar. Sie sammeln Informationen und Erkenntnisse. Andere bauen die Waben, strukturieren, systematisieren und sorgen für das richtige Format. Die Drohnen sind dafür zuständig, dass der Bienenstock Überlebensstrategien verfolgt: Sie bringen auf Ideen. Und die Königin behält den Überblick über das Geschehen. Ohne sie und ihre Regie geht nichts.

Modelle für Entstehungsprozesse von Konzepten lassen sich nach dem Grad der Beteiligung und Komplexität sortieren. Je mehr Menschen in die Entwicklung eingebunden sind und je größer die Bandbreite unterschiedlicher Perspektiven auf das Thema, desto wichtiger ist die Moderation und Begleitung des Prozesses. Aber auch die Akzeptanz des Ergebnisses und die Unterstützungsbereitschaft nehmen zu. Beispiele:

Arbeit im stillen Kämmerlein für den Tag des Schrebergartens

Jedes Jahr am 20. Juni ist Tag des Gartens. Wir nehmen an: Eine Organisation beteiligt sich traditionell an diesem Event und hat eine Person intern mit der Konzeptentwicklung beauftragt. Das kann sinnvoll sein, wenn es sich beispielweise um wiederkehrende Ereignisse mit überschaubarem Zeitrahmen und begrenzter Reichweite, wie einen Aktions- oder Thementag handelt. Zwar ändern sich die Umfeldbedingungen immer wieder, was eine Anpassung von Strategie und Maßnahmen erforderlich macht, dennoch haben viele Entscheidungen aus den Vorjahren auch Bestand. Nach der Arbeit im Rückzug folgt die interne Präsentation oder schriftliche Übergabe. Vorteile sind: Der Prozess kann schlank gehalten werden. Die Kommunikation ist delegierbar und die Idee kann sich konsequent aus einer Perspektive heraus entwickeln. Allerdings fehlen Anregungen und kritische Nachfragen von außen. Der Kosmos, in dem das Konzept entsteht, ist so groß wie der Erfahrungshorizont und die Kreativität des*der Verantwortlichen. Weil niemand sonst in die Entstehung eingebunden war, fehlt unter Umständen die Identifikation mit den entwickelten Vorschlägen.

Markteinführung neuer Gartenzwerge: mit externer Kompetenz konzipiert

Kommunikations- und Konzeptionsexpertise sind im eigenen Haus nicht vorhanden oder gerade verfügbar, wie im Fall der Garten & Schmuck GmbH. Wie wir später erfahren werden, gibt es zwar eine Marketingabteilung, aber das Know-how für die Entwicklung einer Gartenzwerg-Kampagne mit ganz neuen Zielgruppen und Marktbedingungen fehlt. Das Unternehmen braucht fundierte Beratung, möchte aber auf einen aufwendigen Pitch verzichten. In diesem Fall beauftragen verantwortliche Personen der Leitungsebene externe Berater*innen oder eine Agentur damit, ein Kommunikationskonzept zu entwickeln. Nach einem eingehenden Briefing zieht sich die Agentur zunächst zurück, fragt im Laufe des Prozesses fehlende Informationen nach (Rebriefing) und wird dann wieder zur Präsentation erwartet. Eine Produkteinführung ist ein klassisches Beispiel für die skizzierte Besetzung. In diesem Setting sind Zwischenpräsentationen möglich und sinnvoll, wenn Externe im Entwicklungsprozess beispielweise starke Abweichungen von der ursprünglichen Aufgabenstellung empfehlen. Meist besteht auch nach der Präsentation noch Anpassungsbedarf. Das Konzept wird mit einem festen Honorar vergütet. Wenn gewünscht, setzen Berater*innen oder Agentur Teile davon später auch um. Sie können, was von Vorteil ist, mit großer Distanz an der Aufgabe arbeiten und sehen in der Regel mehr als die Organisationsverantwortlichen. Umgekehrt kann das Unternehmen seine Erwartungen an das Ergebnis präzise bestimmen, muss Ressourcen und Kreativität aber nicht im eigenen Haus vorhalten, was unter Umständen Kosten spart. Der Nachteil: Es gibt nur die eine vorgeschlagene Lösung.

Aktionsprogramm insektenfreundliche Privatgärten: Pitching und Cherry-Picking

Auch bei diesem Modell wird die konzeptionelle Arbeit nach außen delegiert. Die hauseigene Kommunikationsabteilung oder die Leitungsebene lädt mehrere Agenturen zum Wettbewerb um einen Kommunikationsetat ein und erwartet dafür jeweils die Erstellung und Präsentation eines entsprechenden Konzepts. Je nachdem, wie viel Fachexpertise bei der beauftragenden Organisation vorhanden ist, gibt es ein mehr oder weniger umfängliches und gut vorbereitetes Briefing, in dem auch die Rahmenbedingungen für den Wettbewerb abgesteckt sind. Wir nehmen an: Die Umweltminister*innen der Länder haben sich für ein „Aktionsprogramm zur Förderung insektenfreundlicher Privatgärten in Deutschland" ausgesprochen, von dem überregional nun alle potentiellen Zielgruppen (Kommunen, Haushalte mit Gärten, Medien etc.) erfahren sollen. Das Bundesumweltministerium übernimmt die Ausschreibung federführend. Ein Gremium beurteilt in aufeinanderfolgenden Präsentationen die Wettbewerbsbeiträge und einigt sich darauf, welches der Konzepte später umgesetzt werden soll. Wenn der Pro-

Compliance

Compliance („Beachtung") bezeichnet die Einhaltung von Regeln, Gesetzen, Richtlinien, Empfehlungen oder selbst aufgestellten Kodizes. In der Medizin bringt der Begriff beispielsweise zum Ausdruck, wie genau sich Patient*innen an eine verschriebene Medikamentendosierung oder eine empfohlene Therapie halten. In betriebswirtschaftlichen oder rechtswissenschaftlichen Kontexten zeigt Compliance die Regeltreue oder Regelkonformität in Bezug auf die Gesamtheit der Grundsätze einer Organisation an. Eine hohe Compliance bestätigt, dass die Vorgaben besonders gut berücksichtigt werden. Regelverstöße können mit Sanktionen verbunden sein. Der Grad der Compliance lässt sich bestenfalls mit Hilfe von Indikatoren messen und geht in Compliance-Berichte ein.

zess fair gestaltet ist, erhalten alle eingeladenen Agenturen eine Aufwandsentschädigung in Form eines Pitch-Honorars; die Vergabe der Nutzungsrechte an den präsentierten Ideen ist vertraglich geregelt. Vorteile: Die beauftragende Organisation lernt im Wettbewerbsverfahren viele Agenturen besser kennen, kann im Fall einer nächsten Ausschreibung deren fachliches Potenzial besser einschätzen und aus mehreren Vorschlägen auswählen. Nachteile: Ein Pitch ist aufwendig, weil es erforderlich ist, mehrere Agenturen beziehungsweise alle eingegangenen Bewerbungen (einer öffentlichen Ausschreibung) zu sondieren. Wenn ein Pitch-Honorar gezahlt wird, ist das in der Summe meist eine größere Investition. Für Agenturen bedeutet die Teilnahme einen hohen Ressourceneinsatz, der nicht gedeckt ist. Manchmal werden Ideen aus der Präsentation im Anschluss genutzt beziehungsweise nicht nach den Vorgaben vergütet. Diese Form der Rosinenpickerei (Cherry-Picking) ist im Kontext öffentlicher Ausschreibungen rechtswidrig und in jedem Fall schädlich für ein vertrauensvolles Arbeitsverhältnis. Bei einer öffentlichen Ausschreibung ist der Kontakt zwischen öffentlichen Institutionen und Agenturen/Berater*innen aus Wettbewerbs- und

Compliance-Gründen sehr eingeschränkt. Agenturen, die sich daran beteiligen, haben meist eine besondere Expertise für diese Art der Bewerbung und Konzepterstellung.

Gartenschau: moderierter Planungsprozess

Eine Organisation steht vor einer komplexen oder grundlegenden Herausforderung: Sie benötigt zum Beispiel eine Kommunikationsstrategie für die kommenden fünf Jahre oder ein umfassendes Konzept mit langer Vorlaufphase und zahlreichen externen Implikationen. Das Kommunikationskonzept für eine Bundesgartenschau, das bereits in der Bau- und Pflanzphase ansetzt und viele Kooperationen einschließt, wäre ein solcher Fall. Möglicherweise geht es auch um einen lang angelegten internen Kulturwandel für die gesamte Belegschaft, die grundlegende Social-Media-Strategie für einen Konzern oder die politische Offensive einer gerade gegründeten Umweltbewegung. In einen solchen Planungsprozess müssen viele interne und externe Verantwortliche eingebunden sein. Der Prozess kann deswegen nicht an ein kleines Team oder eine einzelne Person delegiert werden. Es ist für diesen Fall empfehlenswert, einen längeren Zeitraum der Entwicklung anzusetzen und mit Hilfe einer externen Moderation in mehreren Workshops eine tragfähige Kommunikationsstrategie zu entwickeln. Der Kick-off steht beispielweise unter dem Motto „Aufgabe und Analyse", ein zweiter Workshop fokussiert auf der Kommunikationsstrategie und der dritte widmet sich der Zeit- und Maßnahmenplanung. Diese moderierte Form der Konzeptionsentwicklung hat den Vorteil, dass die Entstehung des Konzepts schon Teil der internen Akzeptanzbildung ist, weil alle Beteiligten in die schrittweise Entwicklung und Beschlussfindung involviert sind. Der Nachteil: Ressourcen und eine erfahrene Moderation sind notwendig, damit der Prozess zu einem guten und von allen Seiten getragenen Ergebnis führt.

Genossenschaftsgarten: Co-Creating

Die anspruchsvollste Variante der Konzeptentwicklung ist Co-Creating. Menschen aus ganz unterschiedlichen Bereichen werden in bestimmten Phasen des Prozesses aktiv: Kommunikation, Geschäftsleitung, Fachabteilung etc. Auch ein genossenschaftlicher Zusammenschluss vieler Privatpersonen mit zum Teil divergenten Interessen ist denkbar, wie das Beispiel aus dem Garten zeigt: In einer Wohnungsbaugenossenschaft wollen sich alle für ein aktives Gemeinschaftsleben einsetzen. Trotz gemeinsamer sozialer und kultureller Ziele sind die Altersgruppen, Familiensituationen etc. sehr unterschiedlich, weswegen es von der Frage der Fassadenbegrünung bis zum Dachgarten sehr diverse Auffassungen gibt. In der Generalversammlung müssen dennoch alle gleichberechtigt mitbestimmen und mitgestalten können. Die Konzeptentwicklung würde hier als gemeinsamer kreativer Prozess aufgesetzt. Co-Creating heißt, in Stufen vorzugehen und Teilergebnisse wieder auf den Prüfstand zu stellen. Die Lösung ist am Anfang offen und niemand weiß, wie lange der Prozess läuft. Klar ist aber, dass am Ende alle zum Ergebnis beigetragen haben und es auch mittragen. Co-Creating braucht Geduld und den Mut, Ambivalenz und Unsicherheit auszuhalten. Die Beteiligten sollen sich gegenseitig inspirieren und die Ideen anderer aufgreifen, beziehungsweise weiterentwickeln. Für die Moderation sind Fach-, vor allem aber Prozesswissen sowie Empathie erforderlich, damit keine der eingebundenen Personen sich allein durchsetzt, sondern eine tragfähige, gemeinsame Lösung entsteht.

Co-Creating im Ameisenhügel

Ein Blick auf die Dynamik erfolgreicher Beutezüge bei Tieren gibt Aufschluss über besondere Fähigkeiten des Co-Creating: Das Max-Planck-Institut für Verhaltensforschung in Radolfzell am Bodensee hat die Jagdstrategien von rund 90 Tierarten untersucht – vom Riesenkalmar über Grizzlibären und Aplomado-Falken bis zu Ameisen.[7] Das Interessante war: Ganz gleich, welcher Strategie die Tiere folgen, um für das Überleben der eigenen Art zu sorgen, ihr Erfolg hängt von fünf Faktoren ab:

- **Sie bilden stabile Gruppen, in denen sie zusammenarbeiten.**
- **Sie kommunizieren miteinander.**
- **Sie nehmen bei der Jagd bestimmte komplementäre Rollen ein.**
- **Sie teilen die Beute gleichmäßig.**
- **Wenn es für das Ergebnis hilfreich ist, arbeiten Tiere auch über Artengrenzen hinweg zusammen.**

Nicht immer kommen die vorgestellten Modelle in ihrer reinen Form vor. Es gibt Abstufungen, Mischformen oder Wechsel. Welches Vorgehen zum Einsatz kommt, hängt von Faktoren wie Reichweite oder Dauer ab. Co-Creating ist eine besonders zukunftsweisende und erfolgversprechende Form des Zusammenarbeitens, aber nicht mit jeder Organisationskultur kompatibel.

2.4 Gemüsekiste oder englischer Garten: Konzeptformate unterscheiden

Für Gärten gilt eine übereinstimmende Definition. Als ein abgegrenztes Stück Land, auf dem Menschen – meist privat – Pflanzen kultivieren, sind Gärten Orte der Ernte und Erholung. Dennoch reichen die Formate von der Gemüsekiste bis zum englischen Garten. Schrebergärten, Vorgärten, Steingärten, Gemüsegärten, Balkongärten, Irrgärten, Bauerngärten, Stadtgärten, Gemeinschaftsgärten oder Zen-Gärten sind damit unterschiedliche Nutzungsvarianten des gleichen Prinzips. Ähnliches gilt für Konzepte. Auch wenn allen die gleiche methodische Vorgehensweise zugrundeliegt, werden mehrere Konzepttypen nach Laufzeit und inhaltlichem Fokus unterschieden. Liegt der Schwerpunkt eher auf Strategie oder Taktik? Wirken sie zeitlich begrenzt und kurzfristig oder langfristig? Abbildung 1 soll helfen, die gängigen Konzeptformate einzuordnen.

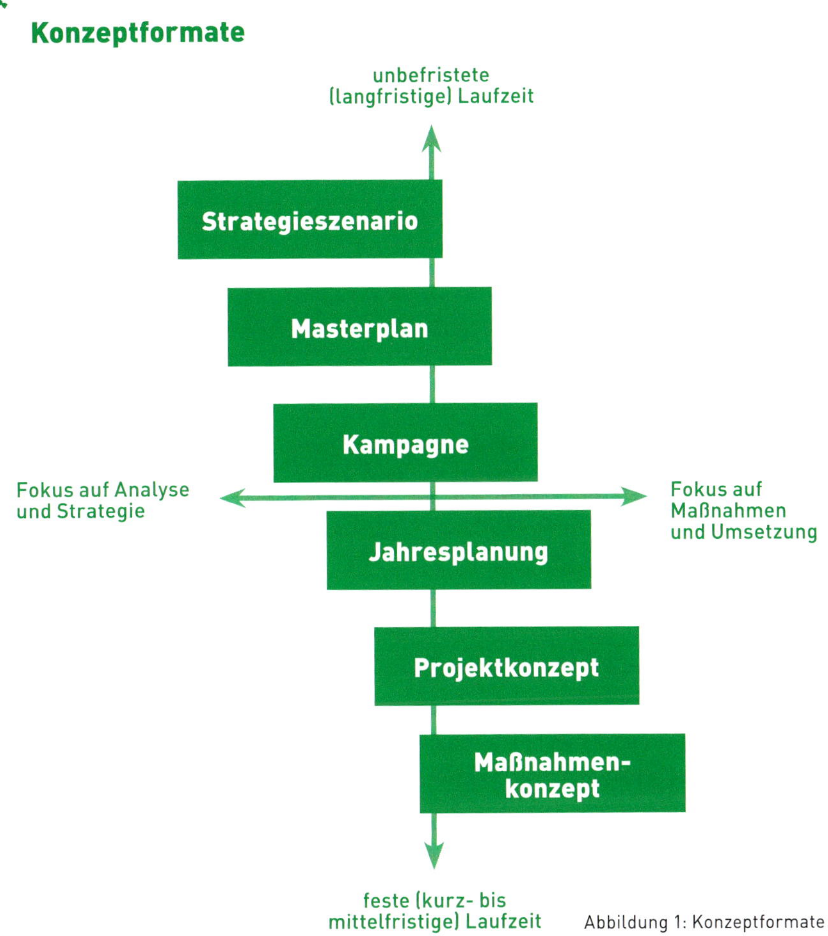

Abbildung 1: Konzeptformate

Konzeptformate

DAS STRATEGIESZENARIO ist ein grundlegendes Papier. Eine gründliche Analyse und eine klare strategische Empfehlung stehen im Fokus. Wenn Organisationen an Wendepunkten stehen, wenn sie sich in einer Krise befinden, wenn ganz neue Ideen in die Welt getragen werden sollen, dann ist dieses Format hilfreich. Die Taktik muss noch nicht bis ins Detail ausgearbeitet werden, die Strategie aber tragfähig sein. Sie wird zum Kompass für weitere Teilkonzepte (s.u.). Ähnliches gilt für den **MASTERPLAN**, jedoch mit stärkerem Taktikfokus.

KAMPAGNENKONZEPTE arbeiten mit einem klaren Auftakt und Abschluss. In der Kommunikation wird immer dann von Kampagnen (Werbekampagne, Imagekampagne, Medienkampagne etc.) gesprochen, wenn es sich um zeitlich befristete Aktionen handelt. Charakteristisch ist das abgestimmte Zusammenwirken mehrerer Organisationen. Der Begriff geht auf das französische Wort „campagne" (Feld / Feldzug) zurück. Kampagnen sollen hohe Aufmerksamkeit für ein Thema erzeugen und Denk-/Handlungsimpulse auslösen. Dazu braucht es eine starke strategische Leitidee mit einem mobilisierenden Claim, eine Kampagnendramaturgie mit Höhepunkten sowie eine intergrierte taktische Planung.

JAHRESPLANUNGEN sind Konzepte, die – abgeleitet von der grundlegenden Kommunikationsstrategie und den langfristigen Zielen – herausarbeiten, welche Themen und Anlässe im Jahresverlauf wie und mit welcher strategischen Bedeutung genutzt werden.

Zu den **DETAIL- UND TEILKONZEPTEN** gehören Formate wie Heftpläne oder Projektkonzepte, die sich entweder auf einen Ausschnitt der Taktik (wie Presse- und Medienarbeit) oder nur auf eine einzelne

Exkurs: Design Thinking und New-Work-Methoden

Die Konzeptionsmethodik entwickelt sich ständig weiter. Jüngere Ansätze wie Design Thinking oder die vielen Herangehensweisen, die sich unter dem Stichwort „Agile" versammeln, finden auch Eingang in die Konzeptionsmethodik oder sind zum Teil schon darin angelegt.

Sowohl das Design Thinking als auch die Konzeptionsmethodik arbeiten ergebnisoffen. Wie wir im Kapitel 2.2 erläutert haben, bedeutet Konzipieren, im Entstehungsprozess die eine oder andere Schleife zu ziehen und dabei die Perspektive der Zielgruppen einzunehmen. Einen signifikanten Unterschied machen allerdings die Einsatzgebiete. Kommunikationskonzepte lösen kommunikative Aufgabenstellungen. Design Thinking, Scrum und andere Methoden sowie Tools aus der Welt des New Work sind überwiegend dafür entwickelt worden, neue Produkte oder Dienstleistungen zu erproben, ein Geschäftsmodell zu überarbeiten oder die Organisation umzubauen. Der Grundgedanke ist, dass neue Angebote sowohl technisch machbar als auch wirtschaftlich

Maßnahme beziehen. Aufgaben wie der Aufbau eines Instagram-Kanals, die Organisation eines Newsletters oder die Durchführung eines Messeauftritts erhalten damit eine sehr präzise konzeptionelle Grundlage. Detailkonzepte beziehen sich auf eine bereits bestehende Kommunikationsstrategie, auf die im Strategieteil lediglich verwiesen wird. Der Taktikteil beschreibt hingegen sehr ausführlich, was, wann, wie und von wem umgesetzt werden soll. Solche Konzepte gehen meist nahtlos in das Projektmanagement über.

Soll der Garten komplett neu angelegt werden? Soll er nur stark verändert werden, um mehr Schmetterlinge und Bienen anzulocken? Oder geht es lediglich darum, ein neues Hochbeet zu bepflanzen? Vor Beginn muss klar sein, welche Tragweite und damit welches Format das Konzept haben soll.

umsetzbar und darüber hinaus erwünscht sein sollen. Es sind also drei Komponenten, die zusammengenommen erst zu einem praxistauglichen und konsequent nutzerzentrierten Ergebnis führen. Vielen gängigen Entwicklungsmethoden aber fehlt die menschliche Perspektive. Im Design Thinking bestimmt die Rückkopplung mit der Zielgruppe den Weg der Erfindung. Die Beteiligten schlüpfen in ihre Rolle. Die Methode nutzt darüber hinaus, was kreative Prozesse grundsätzlich antreibt: Offenheit. Die drei großen Erfolgsfaktoren sind heterogene Teams, die die gemeinsame Aufgabe aus unterschiedlichen Blickwinkeln betrachten, ein offener Prozess, der voranschreitet und das Erschaffene immer wieder in Frage stellt, und variable Räume. Fünf bis sechs Personen möglichst unterschiedlicher Fachrichtung und Funktion arbeiten, begleitet von einem Coach, auf greifbare Ergebnisse hin. In sechs Phasen entwickeln sie zunächst ein gemeinsames Verständnis für das Problem und nehmen dann die Perspektive der Betroffenen ein, deren Sichtweise im Anschluss immer weiter verdichtet wird (Phasen 1 – 3). Auf dieser Grundlage erarbeiten sie Schritt für Schritt Ideen und schließlich Prototypen, die zuletzt in die Testphase gehen (Phasen 4 – 6).

Der gesamte Prozess ist keine Einbahnstraße, sondern in alle Richtungen offen. Schleifen führen zurück zu vorangegangenen Phasen: vom Testergebnis zum erneuten Beobachten, vom Prototyp zur Nutzungsbetrachtung. Und auch räumlich bestimmt Dynamik das Geschehen: Alle Beteiligten arbeiten in Bewegung. Steharbeitsplätze, flexibles Mobiliar, mobile Pinnwände und Präsentationsflächen unterstützen ihre Gedankengänge und Erfindungsschritte. Von Stoffen über Zeichnungen und Fotografien bis hin zu Bauteilen befördert haptisches Material die Möglichkeit, den Stand der Entwicklung greifbar zu machen. So können potenzielle Anwender*innen sehen und anfassen, was entsteht. Betrachtet man den Design-Thinking-Prozess als systematische und iterative Herangehensweise an komplexe Problemstellungen, können alle Branchen und denkbaren Lebensbereiche davon profitieren. Auch die Idee des Rapid Prototyping aus dem agilen Werkzeugkoffer lässt sich im Entstehungsprozess von Konzepten gut einsetzen. Maßnahmen werden gescribbelt, mit Zielgruppen diskutiert, ausprobiert, verfeinert oder verworfen.

Übersicht der Konzeptstufen

A. Analytischer Teil

Aufgabenstellung:

- Was ist der Anlass und wie lautet die kommunikative Aufgabenstellung aus Auftraggebendensicht?

Briefing und Recherche:

- Welche Fragen sind relevant?
- Welche Informationen aus welchen Quellen werden benötigt?

Analyse:

- Was sind die wichtigsten und in Bezug auf die Aufgabenstellung relevantesten Fakten, mit denen sich die Ist-Situation beschreiben lässt?
- SWOT-Analyse: Was sind Stärken und Schwächen des eigenen Vorhabens/der eigenen Institution in Bezug auf die Aufgabenstellung? Was sind Chancen und Risiken des kommunikativen Umfelds?
- Soll-Ist-Vergleich: Welche Lücken bestehen zwischen dem gewünschten Soll und dem augenblicklichen Ist-Zustand?

Präzisierte Aufgabenstellung:

- Was lässt sich aus der Analyse schlussfolgern?
- Was sind die kommunikativen Herausforderungen im Einzelnen?

B. Strategischer Teil

Ziele:

- Was soll in welchem Zeitraum und in welcher Reihenfolge (kurz-, mittel- und langfristig) erreicht werden?

Zielgruppen:

- Welche Kernzielgruppen sollen erreicht werden?
- Welche Mittlerzielgruppen sollen erreicht werden?

Positionierung:

- Als was soll die Organisation, das Produkt, die Person, das Angebot etc. künftig wahrgenommen werden?
- Was sind die Botschaften unterschieden nach Zielgruppen?
- Was sind die Kommunikationsinhalte?

Strategie:

- Was ist der zentrale Weg der Problemlösung?
- Was ist der rote Faden der Kommunikation?
- Wie lautet die kreative Leitidee?

C. Maßnahmenteil

Dramaturgie:

- In welchen Phasen und nach welcher Dramaturgie soll der Umsetzungsprozess verlaufen?
- Welcher Kommunikationsmix kommt dafür zum Einsatz?

Maßnahmen:

- Welche Maßnahmen resultieren aus der Strategie?

Evaluation:

- Mit welchen Mitteln lässt sich die Wirksamkeit der Maßnahmen in Bezug auf die Ziele messen?

Zeit- und Kostenplan:

- In welchem Zeitraum werden welche Maßnahmen eingesetzt und wird welches Budget benötigt?

Leseempfehlungen

Bleisch, Barbara; Huppenbauer, Markus: Ethische Entscheidungsfindung. Ein Handbuch für die Praxis. Zürich: Versus-Verlag, 2011.

Fröhlich, Romy; Szyszka, Peter; Bentele, Günter (Hrsg.): Handbuch der Public Relations. Wissenschaftliche Grundlagen und berufliches Handeln; mit Lexikon. 3., überarbeitete und erweiterte Auflage, Wiesbaden: Springer VS, 2015.

Gatterer, Harry: Unsere neue Zukunft. Mit den Mega-Trends in die Post-Corona-Zeit, 2020. https://www.zukunftsinstitut.de/artikel/mit-den-megatrends-in-die-post-corona-zeit [17.07.2020].

Gigerenzer, Gerd; Kober; Hainer: Risiko. Wie man die richtigen Entscheidungen trifft. München: btb, 2014.

Gonser, Nicole; Rußmann, Uta (Hrsg.): Verschwimmende Grenzen zwischen Journalismus, Public Relations, Werbung und Marketing. Aktuelle Befunde aus Theorie und Praxis. Forschung und Praxis an der FH Wien der WKW, Wiesbaden: Springer VS, 2017.

Kahneman, Daniel, Schmidt, Thorsten: Schnelles Denken, langsames Denken. München: E-Book der Verlagsgruppe Random House GmbH, 2012.

Klinger, Ulrike: Aufstieg der Semiöffentlichkeit. Eine relationale Perspektive. In: Publizistik 63, Nr. 2 (Mai 2018): 245–267.

Lakoff, George; Wehling, Elisabeth: Auf leisen Sohlen ins Gehirn. Politische Sprache und ihre heimliche Macht. 4., um ein aktuelles Nachwort ergänzte Auflage. Kommunikation/Gesellschaft. Heidelberg: Carl-Auer Verlag, 2016.

Pörksen, Bernhard; Narr, Andreas (Hrsg.): Schöne digitale Welt. Analysen und Einsprüche von Richard Gutjahr, Sascha Lobo, Georg Mascolo, Miriam Meckel, Ranga Yogeshwar und Juli Zeh. Köln: Halem, 2019.

Remus, Nadine; Rademacher, Lars: Handbuch NGO-Kommunikation. Springer VS Handbuch. Wiesbaden: Springer VS, 2018.

Rosling, Hans; Rosling Rönnlund, Anna; Rosling, Ola; Freundl, Hans; Remmler, Hans-Peter; Schreiber, Albrecht: Factfulness. Wie wir lernen, die Welt so zu sehen, wie sie wirklich ist. München: Ullstein, 2019.

Röttger, Ulrike; Kobusch, Jana; Preusse, Joachim: Grundlagen der Public Relations. Eine kommunikationswissenschaftliche Einführung. 3., aktualisierte und erweiterte Auflage. Studienbücher zur Kommunikations- und Medienwissenschaft. Wiesbaden: Springer VS, 2018.

Willemsen, Roger: Das Hohe Haus. Ein Jahr im Parlament. 8. Auflage, Frankfurt am Main: S. Fischer, 2015.

Anmerkungen

1 Vgl. Pörksen, Bernhard; Narr, Andreas (Hrsg.): Schöne digitale Welt. Analysen und Einsprüche von Richard Gutjahr, Sascha Lobo, Georg Mascolo, Miriam Meckel, Ranga Yogeshwar und Juli Zeh. Köln: Halem, 2019.

2 Vgl. Klinger, Ulrike: Aufstieg der Semiöffentlichkeit. Eine relationale Perspektive. In: Publizistik 63, Nr. 2 (Mai 2018): 245–267.

3 Vgl. Gatterer, Harry: Unsere neue Zukunft. Mit den Mega-Trends in die Post-Corona-Zeit, 2020. https://www.zukunftsinstitut.de/artikel/mit-den-megatrends-in-diepost-corona-zeit. [13.07.2020].

4 Vgl. Rosling, Hans; Rosling Rönnlund, Anna; Rosling, Ola; Freundl, Hans; Remmler, Hans-Peter; Schreiber, Albrecht: Factfulness. Wie wir lernen, die Welt so zu sehen, wie sie wirklich ist. München: Ullstein, 2019.

5 Vgl. Gigerenzer, Gerd; Kober, Hainer: Risiko. Wie man die richtigen Entscheidungen trifft. München: btb, 2014.

6 Willemsen, Roger: Das Hohe Haus. Ein Jahr im Parlament. 8. Auflage, Frankfurt am Main: S. Fischer, 2015.

7 Vgl. Lang, Stephen D. J.; Farine, Damien R.: A Multidimensional Framework for Studying Social Predation Strategies. In: Nature Ecology & Evolution, 2017, 1 (9): 1230–1239.

KAPITEL 3

Boden bereiten: Was ist der Auftrag? Von Anfang an *Klarheit* schaffen

Am Anfang steht – der Auftrag. Die Klärung des Auftrags ist die Prämisse für das folgende Briefing. In der Praxis werden die beiden Schritte Auftrag und Briefing nicht immer trennscharf (genug) unterschieden.

Jedes Kommunikationskonzept beginnt mit einer besonderen Aufgabe oder Herausforderung, die nur durch Kommunikation lösbar ist. Die Anlässe können grundsätzlich aus zwei Richtungen kommen: Entweder geht es darum, ein Problem zu lösen, einen Missstand beizulegen oder eine Krise zu bewältigen. Oder es geht – im positiven Sinne – um einen Aufbruch, ein neues Vorhaben, ein nächstes Ziel.

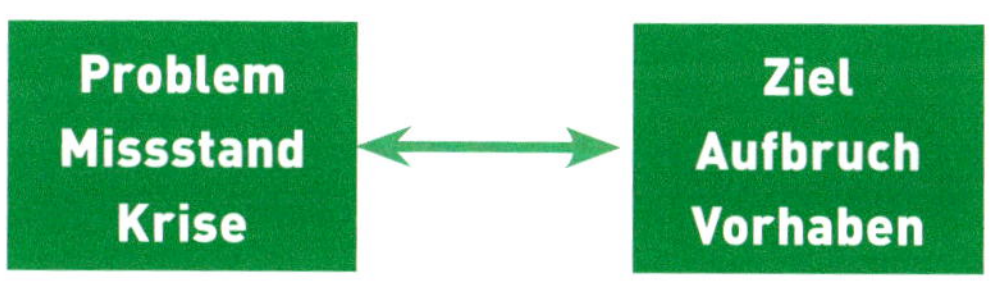

Abbildung 2: Anlässe für Konzepte

Hitze als Krise

Hitzestress tötet Stadtbäume: Lange Dürreperioden in den Hitzesommern der Vergangenheit setzen Bäumen in Städten zu. Vor allem junge Bäume verdorren und müssen gefällt werden. Stadtbäume haben es besonders schwer: Sie haben wenig Platz zum Wurzeln, werden bei Straßenarbeiten verletzt und müssen Schmutz, Müll und Hunde-Urin aushalten. Wir nehmen an: Die Stadtverwaltung gibt anlässlich der Krise ein Kommunikationskonzept in Auftrag. Es soll dazu beitragen, dass die Bevölkerung das Problem versteht und sich in den trockenen Perioden um die Bäume kümmert. Bäume, die bereits Trockenschäden aufweisen, sollen gemeldet werden.

AUFBRUCH UND BLÜTEZEIT

Die urbane Gartenbewegung wächst weiter. Auf Dächern, Balkonen, freien Flächen sprießt es. Karotten gedeihen auf Grünstreifen. Jedes Beet ist ein Beet mehr. Grün erlebt einen Boom. Die Stadtbevölkerung baut gesunde Lebensmittel an und experimentiert in offenen urbanen Gärten mit Zukunftsthemen. Wir nehmen an: Eine Stiftung hat begonnen, Gartenprojekte auf freien Brachen zu fördern, die Menschen unterschiedlicher Herkunft zusammenbringen. Damit sich möglichst viele beteiligen und um Förderung bewerben und die Zahl der Projekte landesweit wächst, gibt sie ein Kommunikationskonzept in Auftrag.

Exkurs: Auftragswelt in Zahlen

Für Kommunikationskonzepte gibt es einen universellen Bedarf. Jedes große, mittelständische und kleine Unternehmen, jede Genossenschaft und jede Stiftung, jeder Verein und jede Initiative, jede Stadt und Gemeinde, jede Kultureinrichtung und jede soziale Einrichtung, jedes Krankenhaus und jede Krankenkasse, politische Parteien und Fraktionen, die Polizei, die Kirche oder die Medien selbst können potenziell Aufträge für Kommunikationskonzepte an interne oder externe Personen vergeben. Diese Konzepte Einzelner wiederum können multiple Anlässe haben. Klassische Aufträge sind beispielweise Wachstum und Zusammenschlüsse von Organisationen, Jubiläen und Aktions- oder Themenjahre, Neuerscheinungen von Produkten oder Studien, Neueröffnungen von Kultureinrichtungen oder Unternehmensstandorten sowie Neuausrichtungen aufgrund von Gesetzesänderungen oder verändertem Gesellschaftsklima. Auf der Krisenseite sind Anlässe für Konzepte zum Beispiel Produktrückrufe, Restrukturierungen, Aktionen und Initiativen gegen gesellschaftspolitische Missstände, öffentlich umstrittene Infrastrukturprojekte, Unglücke oder menschengemachte Skandale.

Bereits 1950 hat Albert Oeckl (1909–2001) als „Erfinder der Öffentlichkeitsarbeit" mit seinem „Handbuch des Öffentlichen Lebens"[1] auf den vielfältigen Bedarf der zahlreichen Institutionen aufmerksam gemacht, für die Öffentlichkeitsarbeit (damals in Abgrenzung zu „Reklame") von großer Bedeutung ist. Er hat mit seinem so geschaffenen Navigationssystem aber auch herausgestellt, dass die Tiefenkenntnis dieses öffentlichen Lebens und seiner verwobenen Strukturen eine grundlegende Fachkompetenz der Öffentlichkeitsarbeit darstellt.

Institutionen müssen sich in ihrer Kommunikation aufeinander beziehen. Oeckl selbst leitete unter anderem die Öffentlichkeitsarbeit des Deutschen Industrie- und Handelskammertages und der BASF. Er hatte Lehraufträge an den Universitäten Heidelberg und Augsburg. Seine Mitgliedschaft in der NSDAP gehört zu den kritischen Kapiteln der Geschichte. Weil er keinen nationalsozialistischen Grad besaß, stuften ihn die Alliierten als Mitläufer ein. Das „Handbuch des Öffentlichen Lebens" bezeichnete er selbst als sein Lebenswerk. Bis heute ist das umfangreiche Verzeichnis aller Verbände, Organisationen und Behörden aus Politik, Wissenschaft, Wirtschaft, Gesellschaft und Kultur inklusive aller Kommunikationsdaten und Kontaktpersonen für die Kommunikation im öffentlichen Raum und die Entwicklung von Kommunikationskonzepten eine bedeutende Arbeitsgrundlage. „Der Oeckl" existiert als Online-Ausgabe mittlerweile auch für Gesamteuropa. Zahlen zeigen das Potenzial für Kommunikationsaufträge.In Deutschland gibt es beispielsweise

- rund 3,3 Millionen Unternehmen, die meisten davon in Nordrhein-Westfalen und in der Handelsbranche. Rund 15.450 haben 250 bis unter 1.000 Beschäftigte, rund 2.250 Unternehmen haben 1.000 bis unter 2.500 Beschäftigte und 280 über 5.000 Beschäftigte;[2]
- rund 15.600 Verbände. Seit 1990 hat ihre Zahl ständig zugenommen, um insgesamt rund 5.600 Verbände und Verbandsvertretungen. Der Deutsche Olympische Sportbund ist mit 23.786.959 Mitgliedern der größte Verband, gefolgt vom ADAC und dem Deutschen Fußballbund. Sehr weit vorne liegen, neben vielen Sportverbänden, das Deutsche Rote Kreuz und der Deutsche Mieterbund, wobei sich die Bedeutung und der Einfluss eines Verbandes nicht allein an seiner Mitgliederzahl festmachen lässt;[3]
- mehr als 600.000 Vereine. Ihre Zahl hat sich seit den 1970er Jahren verfünffacht und wächst in Städten am schnellsten. In Berlin werden fast täglich zwei neue Vereine eingetragen. Der größte Verein in Deutschland ist der FC Bayern München;[4]
- mehr als 23.000 Stiftungen, von denen 93 Prozent einen rein gemeinnützigen Zweck verfolgen. Die meisten engagieren sich für Gesellschaft und Bildung. Die größte Stiftungsdichte haben Städte wie Würzburg, Darmstadt oder Frankfurt am Main. Aber auch rund 300 Unternehmen in Deutschland sind als Stiftungen organisiert, so zum Beispiel Bosch oder ZF Friedrichshafen;[5]
- über 11.000 Gemeinden, die meisten davon in Rheinland-Pfalz, Bayern und Baden-Württemberg, und über 2.000 Städte. Im Deutschen Städtetag haben sich rund 3.400 Städte und Gemeinden

mit fast 53 Millionen Bürgerinnen und Bürgern zusammengeschlossen;[6]

- über 200 Bundes- und Landesministerien, die als Dachorganisationen ihrer jeweiligen Ressorts fungieren;
- im Bildungssektor insgesamt 426 Hochschulen, davon 106 Universitäten, 6 Pädagogische Hochschulen, 16 Theologische Hochschulen, 52 Kunsthochschulen, 216 Fachhochschulen und 30 Verwaltungsfachhochschulen.[7] Es gibt rund 32.600 allgemeinbildende Schulen, davon rund 15.400 Grundschulen und etwa 3.100 Gymnasien;[8]
- im Kultursektor beispielweise 6.700 Museen mit jährlich rund 114 Millionen Besucher*innen und 470 Ausstellungshäuser.[9]

Gerade wegen der enormen Vielfalt möglicher Anlässe für Kommunikationskonzepte sind die Auftragssituation und ihre Qualität von großer Bedeutung. Auftragsklärung heißt, den Boden zu bereiten, auf dem später ein fruchtbares Konzept gedeihen soll. Es ist nicht sinnvoll, ohne genauen Auftrag mit der Konzeptarbeit zu beginnen. Klingt banal? Ist es aber nicht. Sehr allgemein formulierte Aufträge wie: „Wir brauchen ein Konzept für die interne Kommunikation." oder: „Wir benötigen ein Konzept zur Begleitung des Change-Prozesses" oder: „Sollten wir nicht mehr mit Social Media machen?", bedürfen einer Präzisierung. Manche Aufträge sind klar wie gut gesiebte Komposterde: Die Institution, die den Auftrag vergibt, hat sich Gedanken darüber gemacht, was genau die kommunikative Herausforderung ist. Sie hat bereits erste Fakten sondiert. Die Anforderungen an die Kommunikationsfachleute, die das Konzept erarbeiten (ganz gleich ob intern oder extern), sind klar und verständlich formuliert. Zeit- und Budgetrahmen stehen fest. Es ist geklärt, wer intern verantwortlich und ansprechbar ist und bis wann das Konzept wem in welcher Form vorgestellt werden soll. Am Ende sollte nachvollziehbar sein, was der Anlass für den Auftrag ist, welche Aufgabe genau gelöst werden soll und auch welches möglicherweise besondere Interesse hinter dem Konzept steht. Gibt es eine Hidden Agenda? Sind es unter Umständen Karriereziele von Beteiligten, für die der Erfolg wichtig ist?

Die meisten Aufträge gleichen einem steinigen Boden. Zuerst müssen die Steine aus dem Weg geräumt werden. Mit anderen Worten: Aufträge müssen im Gespräch geklärt werden, damit sowohl die Auftrag gebende wie die Auftrag nehmende Seite ein möglichst übereinstimmendes Bild davon erhält, was das Konzept im Einzelnen leisten soll. Wenn sich die Wahrnehmungen zum Beginn der Bearbeitung noch stark unterscheiden, entsteht spätestens bei der Präsentation ein Problem. Eine Seite hat etwas erwartet, was die andere nicht einlösen kann.

Die Auftragsklärung geht dem Briefingprozess voraus. Es ist möglich, dass sie in einer Ablehnung des Auftrags mündet. In dieser Phase geht es erst einmal darum, gut vorbereitet zu sein, das eigene Ziel zu kennen und aufmerksam zuzuhören.

3.1 Steine aus dem Weg räumen: Gesprächsführung

Der Begriff sagt es bereits: Gute Gespräche sind eine Führungsaufgabe. Fehlt die Führung, entstehen anstelle von Verständnis

Missverständnisse. Die Teilnehmer*innen reden aneinander vorbei. Gespräche schweifen ab oder sind von hartnäckigen Kontroversen gekennzeichnet. Einige Regeln helfen, das Gespräch zu führen: von aktivem Zuhören bis zu Authentizität.

- **Gut vorbereitet sein:** Sich vor dem Gespräch über die Organisation, die Gesprächspartner*innen und das Thema zu informieren, ist Pflicht. Die W-Fragen „Wer macht was, wann, wo, wie und warum?" dienen als gedankliche Checkliste. Aus der ersten Recherche ergeben sich weitere offene Fragen, die das Gespräch leiten können.
- **Gesprächsziele setzen:** Zwei Ziele sollten das Gespräch leiten: den Auftrag zu klären und auf der persönlichen Ebene eine gute Grundlage für die Zusammenarbeit zu legen.
- **Offen sein:** aufgeschlossen sein und nicht zu schnell urteilen. Auch im Konzeptionsprozess ist das von großer Bedeutung. Ein guter und wohlwollender Abstand ermöglicht es, wertfrei auf die Situation zu schauen.

Denkanstoß: Gesprächsvorbereitung

Ein Denkanstoß: Wissen Sie, warum Baumschulen Baumschulen heißen? Bäume gehen ja nicht wirklich zur Schule. Seit wann gibt es Baumschulen? Und was hat das Ganze mit dem Jardin de Luxembourg in Paris zu tun? Wer sind die Kunden von Baumschulen? Wie viele Baumschulbetriebe gibt es in Deutschland? Sind Walnussbäume Obstbäume? Wie funktioniert die sogenannte vegetative Vermehrung? Stellen Sie sich vor, Sie müssen ein Auftragsgespräch mit dem Bund deutscher Baumschulen, BdB, in Berlin vorbereiten. Sie wissen bisher nur, dass es darum gehen soll, mehr Auszubildende zu werben. Damit Sie in das erste Gespräch der Auftragsklärung bereits grundlegende Kenntnisse mitbringen, sollten Sie sich nicht nur auf der Seite des Verbandes umsehen, sondern auch Fragen wie den oben skizzierten nachgehen. Nehmen Sie sich dafür mindestens ein bis zwei Stunden Zeit. Die Kenntnisse unterstützen einen qualifizierten Gesprächsverlauf und erweitern Ihre Allgemeinbildung. Sofern Sie das Konzept im Anschluss tatsächlich entwickeln, können Sie auf diesen Fakten aufbauen und Ihre Recherche von dort aus fortsetzen.

Fragetechniken

In der systemischen Beratung werden Frage- und Gesprächstechniken eingesetzt, die echte Nützlinge für gute Gespräche sind, weil sie über die reine Informationsebene (Vgl. 6 W-Fragen) hinausführen. Sie helfen nicht nur im Prozess der Auftragsklärung. Auch in späteren Briefinggesprächen, Workshop-Diskussionen beziehungsweise, wenn es im Anschluss an die Präsentation Verständnisprobleme oder Zweifel gibt, sind sie wirkungsvoll. Hypothetische, paradoxe oder zirkuläre Fragen regen dazu an, den Blick gemeinsam auf das kommunikative Umfeld zu richten und die Perspektive zu wechseln. Im Gesprächsverlauf fördern sie sowohl die Phantasie als auch die Bereitschaft, vom Problem zur Lösung zu finden. Ein insistierendes, wiederholtes Warum trägt dazu bei, den Ursachen wirklich auf den Grund zu gehen.

1. **Zirkuläre Fragen:** Was würden Journalist*innen, Ihr Aufsichtsrat, wichtige Stakeholder oder Mitarbeitende wohl antworten, wenn wir sie folgendes fragen: „…"?

2. **Hypothetische Fragen:** Was wäre, wenn …?

3. **Skalierungsfragen:** Auf einer Skala von 1 bis 10: Wie schwer schätzen Sie es ein, den gewünschten Erfolg zu erreichen?

4. **Die Wunderfrage:** Stellen Sie sich vor, Sie wachen morgen früh auf und das Problem ist gelöst. Woran würden Sie das erkennen?

5. **Paradoxe Fragen:** Was müssen wir tun, damit die Führungsebene das Konzept garantiert ablehnt?

6. **Lösungs-/ressourcenorientierte Fragen:** Welche guten Erfahrungen haben Sie in der Vergangenheit gemacht, aus denen wir für die jetzige Aufgabe lernen können? Was hat schon einmal gut funktioniert und warum?

7. **Vergleichsfragen:** Was ist besser: dies oder das?

8. **Alternativfragen:** Was wäre der bessere Weg? Wenn nicht so, wie dann?

9. **Die 5 x Warum-Frage?** Und warum …? Aber warum? Und wieso? etc.

- **Interesse am Gegenüber zeigen:** Persönliche Fragen zeigen in einem Gespräch das Interesse an ihren Gesprächspartner*innen und deren Blickwinkeln.

Exkurs: Aktives Zuhören in der Auftragsklärung

Bei der Auftragsklärung geht es nicht um schnelle Antworten, sondern um Verstehen und Empathie. Dieses Verständnis für empathische Gesprächsführung geht auf den amerikanischen Psychologen Carl Rogers[10] zurück. Rogers hat bereits in den 1950er und 1960er Jahren den Menschen radikal in den Mittelpunkt des Gesprächs gerückt. Seine Erkenntnisse und Empfehlungen sind längst aus der therapeutischen Welt in wirtschaftliche, politische und gesellschaftliche Zusammenhänge übersetzt worden. Dementsprechend gehört das Wissen und Anwenden bewusster Gesprächsführung für Kommunikationsverantwortliche zum Basishandwerkszeug. Für den Beziehungsaufbau ist es wichtig, die Informationen zwischen den Zeilen herauszuhören. Aufmerksam zuhören heißt, eine Verbindung zwischen-Menschen aufzubauen oder – psychologisch gesprochen – in einem Gespräch Rapport herzustellen. Es entsteht ein guter Draht zueinander. Wenn Menschen miteinander in Rapport gehen, versuchen beide Seiten, sich unwillkürlich in Sprache, Tonalität und Körpersprache ihrem Gegenüber anzupassen. Die gesprächsführenden Personen schaffen damit Vertrauen.

In den Rapport zu gehen ist die Voraussetzung für aktives Zuhören. Jessica Röhner und Astrid Schütz unterteilen den Prozess des Aktiven Zuhörens in drei Bestandteile:

- 1. aktives Verfolgen des Gesagten (Blickkontakt, Laute oder Ähnliches signalisieren Aufmerksamkeit),
- 2. aktives Verstehen der Botschaft (Der Kern des Gesagten, das heißt der Sachinhalt, wird in eigenen Worten umschrieben, beziehungsweise paraphrasiert),
- 3. den emotionalen Inhalt der Botschaft verstehen und wiedergeben, ihn spiegeln.[11]

Aktives Zuhören ...

- signalisiert Aufmerksamkeit, Verständnis und Wertschätzung,
- verbessert die eigene Kenntnis der Sachlage sowie des Gegenübers und die Urteilsfähigkeit,
- erhöht die Bereitschaft des Gegenübers zu einer gemeinsamen Lösung,
- prüft gegenseitiges Verständnis ab und deeskaliert.

Wie geht aktives Zuhören?

- dem*der anderen konzentriert zuhören, ohne zu unterbrechen,
- keine Dinge nebenbei tun – die Aufmerksamkeit ist zu 100 Prozent bei dem Gespräch (nicht auf dem Smartphone),
- mitschreiben, das heißt, das Gesagte wortwörtlich festhalten,
- versuchen, sich in die Lage von Auftraggeber*innen einzudenken und die Situation aus ihrer Perspektive zu sehen, ihre Sprache zu sprechen,
- Signale des Zuhörens durch zustimmende Gesten und Laute/Worte geben,
- Verständnis zeigen durch Wiederholen/Zusammenfassen des Gesagten,
- auf Emotionen eingehen.

Authentizität

In Gesprächen findet Authentizität Anerkennung. Authentisch kommt vom griechischen *authentikós* und bedeutet „selbst sein". Ein authentischer Mensch ist im Einklang mit sich selbst und strahlt aus, dass er sich seiner Stärken und Schwächen, Gefühle und Motive bewusst ist. Er kennt den Grund für sein eigenes Verhalten. Das setzt Selbstreflexion voraus. Sich den eigenen Vorstellungen entsprechend zu verhalten, nach den eigenen Werten zu handeln wird im Gespräch als glaubwürdig empfunden. Authentizität als Gegenentwurf zu Konformität oder Opportunismus vermittelt sich durch ein wahrhaftiges, ungekünsteltes Auftreten, das andere wertschätzend einbezieht, anstatt sie zu brüskieren. Jürgen Habermas definiert in seiner Theorie des kommunikativen Handelns Wahrhaftigkeit als eine Haltung, die das Streben nach Wahrheit bezeichnet.[12]

Mitgehen und gedankliche Abkürzungen vermeiden

Gerade für Menschen, die im Gespräch sehr schnell dominant werden, die zu schnellen Analysen und Urteilen neigen, kann das Auftragsklärungsgespräch eine gute Übung der Selbstdisziplin sein. Es bestimmt immerhin (meistens) den Beginn einer neuen Zusammenarbeit. Auch wenn sich beide Seiten zum Beispiel bei intern vergebenen Mandaten, schon kennen, kann ein neuer Kommunikationsanlass trotzdem neuen Klärungsbedarf verursachen. Manchmal ist es gerade dann sehr wichtig, genau zuzuhören und nicht die gedankliche Abkürzung zu nehmen. „Na, Sie wissen schon!", „Klar! Machen wir!", „Das ist ja immer so!" Dann kann passieren, was nicht passieren sollte: Der Auftrag wird missverstanden oder bleibt unvollständig. Wir machen uns ein eigenes Bild von dem, was wir glauben, gehört und gesehen zu haben. Die Kunst ist also, sich im Moment der Auftragsklärung selbst zurückzunehmen und so zuzuhören, dass beim Gegenüber trotzdem der Eindruck von Reflexion und Kompetenz entsteht.

Das Auftragsklärungsgespräch ist ausschließlich von der Perspektive der Auftragsseite bestimmt. Die eigene Interpretation der Situation folgt erst zu einem späteren Zeitpunkt. Es geht nicht darum, einen standardisierten Fragenkatalog abzuarbeiten, sondern die Fragen sinnvoll aus dem Gesprächsinhalt abzuleiten. Die Auftragsklärung bereitet den Boden für eine erfolgreiche Arbeit am Kommunikationskonzept. Sie dient der Vorbereitung auf Briefing und Recherche und gilt übrigens auch für Aufträge ohne explizite*n Auftraggeber*in, die sich also aus der eigenen Arbeitsplatzbeschreibung oder Motivation heraus entwickeln. In diesen Fällen gilt das identische Vorgehen als fragengeleiteter innerer Dialog.

3.2 Zwetschgen statt Pflaumen: Missverständnisse und ihre Folgen

Wer schon einmal einen Auftrag missverstanden oder anders verstanden hat als der*die Auftraggeber*in ihn meinte, weiß, wie ärgerlich es ist, wenn das Arbeitsergebnis die Erwartungen nicht trifft. Deshalb ist es wichtig, sich für die Klärung genügend Zeit zu nehmen.

Pitch interne Kommunikation eines Kompostanlagenherstellers

Ein Agenturteam wird in letzter Minute zum Pitch eines großen Kompostanlagenherstellers eingeladen. Bei der mündlichen Auftragsvergabe, für die wenig Zeit ist, kommt es zu einem Missverständnis, das sich als Fehler durch das gesamte Konzept zieht. Der Auftraggeber erwartet eine rein interne Kampagne für die Belegschaft, erwähnt aber im Nebensatz, dass die Lösung zu einem späteren Zeitpunkt möglicherweise auch auf die externe Kommunikation ausgeweitet werden soll. Das Agenturteam entwickelt daraufhin irrtümlicherweise ein Kampagnenkonzept, das „interne und externe Kommunikation" von vornherein in einem integrierten Ansatz verbindet. Bei der Präsentation zwei Wochen später stoppt der Leiter der Kommunikation schon nach der dritten Folie. Seine Begründung ist niederschmetternd: „Ich glaube, Sie haben da etwas vollkommen falsch verstanden."

Neuer Studiengang Ökologie & Gartenbau

Eine Universität will einen neuen Studiengang für Ökologie und Gartenbau innerhalb des Fachbereichs Architektur und Landschaftsarchitektur einrichten. Dafür muss sie die Zustimmung des Ministeriums für Wissenschaft und Kultur einholen, dem es insbesondere um die Sicherstellung der wissenschaftlichen Reputation geht. Das Ministerium erwartet, dass besonders renommierte Professor*innen mit internationalem Ruf für Forschung und Lehre gewonnen werden. Aber auch das Innenministerium hat ein großes Interesse an dem neuen Studiengang. Denn die Universitätsstadt liegt in einer ländlichen, strukturschwachen Gegend. Das Mehr an Studierenden durch das zusätzliche Fach Ökologie und Gartenbau soll dazu beitragen, dass viele von ihnen sich nach ihrem Abschluss dort niederlassen, um zu promovieren oder zu arbeiten. Denn eine Menge der gut ausgebildeten jungen Menschen zieht es später meist in die Großstädte. Auch die Rektorin misst diesem Aspekt im Auftragsgespräch eine große Bedeutung bei, zumal die Finanzierung des Studiengangs zum überwiegenden Teil vom Innenministerium getragen wird. Zur Präsentation wird – neben den Verantwortlichen aus dem Rektorat, der Verwaltung und dem Fachbereich – die Referatsleiterin des Innenministeriums erwartet. Das Konzept bezieht sich im Schwerpunkt auf das Ziel der Standortaufwertung und Attraktivitätssteigerung für Studierende. Tatsächlich kommt aber eine Vertreterin des Wissenschaftsministeriums, die die Standortfrage weniger interessiert. Schon nach wenigen Minuten unterbricht sie die Präsentation. Es wäre besser gewesen, im Vorfeld den Widerspruch, der eigentlich keiner ist, auszuräumen und einen für alle Teile sinnvollen Ansatz zu finden. Das hätte zwingend zu einer anderen, repräsentativen Personenkonstellation bei der Präsentation führen müssen.

In den beiden geschilderten Fällen ist das Ergebnis unbefriedigend. Es wäre die Aufgabe der Agentur gewesen, den Auftrag bis auf das letzte Missverständnis zu klären.

3.3 Was könnte blühen? Aufträge annehmen oder ablehnen

Ein andere wichtige Frage in dieser Phase ist, ob die ausführende Seite den Auftrag annehmen will oder kann. Das ist nämlich keine Selbstverständlichkeit. Die Möglichkeit, Aufträge abzulehnen, besteht immer. Zwar geht das manchmal auf Kosten der Beziehung oder bedeutet den Verzicht auf ein Honorar. Dennoch gibt es Situationen, in denen eine Absage richtig sein kann.

Wann ist es sinnvoll, Aufträge abzulehnen?

- **Kompetenz- und Verantwortungskonflikte:** Wenn die Aufgabe keine Kommunikationsaufgabe darstellt, wenn also andere Kompetenzen erforderlich oder Teilaufträge mit den eigenen Mitteln nicht lösbar sind, kann das zu einer Entscheidung gegen den Auftrag führen. Beispiel: Ein Gartengerätehersteller befindet sich in einer akuten Krise und braucht strategische Kommunikation. Ein Rasenmähermodell muss zurückgerufen werden, weil sich in Tests häufig ein Kurzschluss der Geräteelektronik zeigte, der zur Brandgefahr führen kann. Der Hersteller braucht kommunikative Unterstützung. Vor allem aber geht es darum, die Organisationsstrukturen zu verändern, weil Mängel in der Produktion schon häufiger vorgekommen sind. Die Abläufe müssen modifiziert werden. Der Hersteller will das ganze Paket in eine Hand geben. Die Agentur muss klären, welchen Teil sie mit dem eigenen kommunikativen Kompetenzen übernehmen kann, um zur Krisenbewältigung beizutragen, welchen Teil sie aber eben auch nicht leisten kann. Was wird gesucht und gewünscht? Und was davon ist möglich?
- **Inkongruenzen:** Wenn sich die Aufgaben mit dem eigenen Werteverständnis nicht verbinden lassen, es also einen manifesten Widerspruch zwischen dem Auftragsinhalt und dem eigenen Kundenportfolio gibt. Beispiel: Eine Beraterin ist für mehrere Naturschutzorganisationen tätig und erhält von einem Herbizidhersteller eine Beratungsanfrage.
- **Ethische und moralische Einwände:** Wenn eine Organisation einen Auftrag vergibt, der an und für sich ethisch angreifbar ist. Beispiel: Der Bezirksverband der Gartenfreunde in einer Kreisstadt will bei seinen über 2.000 Mitgliedern für Torf werben. Der Vereinsvorsitzende hält alternative Düngemethoden für Humbug. Torf ist trockengelegte Moorerde, und Moore sind sowohl für das Klima als auch für die Biodiversität enorm bedeutend, denn sie speichern CO_2. Wenn sie durch den Torfabbau verschwinden, hat das weitreichende Folgen. Der Presseverantwortliche des Vereins fühlt sich mit der Aufgabe unwohl und will sie nicht unterstützen. Es ist aus seiner Sicht absehbar, dass der Kommunikationsinhalt in der Öffentlichkeit wenige Chancen auf Zustimmung hat und der Verband mit erheblichen Angriffen rechnen muss.
- **Loyalitäts- und Glaubwürdigkeitskonflikte:** Wenn die Agentur aufgrund eines anderen Auftrags aus derselben Organisation befangen ist. Sie berät beispielweise die Kommunikationsabteilung eines Unter-

nehmens, das Solarzellen für den Betrieb von Gartenlauben herstellt, schon seit längerer Zeit und kennt die Personen gut. Mit der Fachabteilung für Solarzellenbau steht die Kommunikationsabteilung in einem internen Kompetenzkonflikt. Die Fachabteilung wünscht sich nun aber auch Beratung, jedoch unter der Bedingung, dass die Kommunikationsabteilung nicht einbezogen wird. Diesen Auftrag kann die Agentur nicht annehmen. Sie müsste eine alternative Besetzung empfehlen.

- **Motivations- und Wertschätzungsprobleme:** Wenn der Auftrag vage ist und die Motivation zur Zusammenarbeit deutlich zu gering. Beispiel: Die Auftragsklärung im Grünflächenamt beginnt schon mit einer mürrischen Begrüßung. Auch im Gesprächsverlauf fehlt die Wertschätzung. Die Ansprechpartner*innen zeigen sich pessimistisch. Sie machen deutlich, dass sie von zentraler Stelle zur Vergabe aufgefordert wurden, den Auftrag selbst aber für falsch und unsinnig halten. Bei genauerem Nachfragen bestätigt sich eine starke Ablehnung und grundsätzliche Beratungsresistenz.
- **Budgetprobleme:** Wenn unklar ist, wie viel Budget zur Verfügung steht oder ein sehr kleines Budget an sehr hohe Erwartungen geknüpft ist. Beispiel: Eine Agentur soll für einen Rollrasenhersteller den Kontakt zu den drei größten deutschen Fußballclubs und ihren Stadien herstellen, um Gespräche über Sponsoringpartnerschaften vorzubereiten. Der Auftraggeber erwartet, dass die Agentur in Vorleistung geht und bietet ein erfolgsabhängiges Honorar an: Es wird an Zusagen und einen abgeschlossenen Vertrag gekoppelt, mit der Begründung, dass die Agentur im Gegenzug schließlich interessante Leute kennenlernt und ihr Netzwerk erweitert.
- **Zeitprobleme:** Wenn die Erwartungen hoch sind, der zeitliche Vorlauf aber so gering, dass die Aufgabe nicht (mehr) lösbar ist. Beispiel: Mehrere Forschungsinstitute haben sich schon vor drei Jahren für eine lang angelegte und mehrteilige Studie zum Thema „Zukunft öffentlicher Parks und Gärten" zusammengeschlossen. Die Studie untersucht den Bestand städtischer Grünflächen mit Bezug auf Klimawandel, Bevölkerungswachstum und Lebensqualität. In einer Woche sollen die Ergebnisse in Berlin vorgestellt werden. Das steht fest. Jetzt erst erfährt die Kommunikationsabteilung eines der Institute von dem Stand des Verbundvorhabens. Sie soll für die Veranstaltung „noch schnell" eine möglichst große Medienresonanz erzielen. Das Summary der Ergebnisse ist zu diesem Zeitpunkt aber immer noch nicht abgeschlossen.

Empfohlenes Vorgehen für verbindliche Vereinbarungen

Konzeptionsprozesse haben von Anfang an eine hohe Verbindlichkeit. Alle getroffenen Entscheidungen werden schriftlich fixiert und vereinbarte Veränderungen im Verlauf der Entwicklung protokollarisch dokumentiert. Empfehlungen für den Abschluss der Auftragsklärung sind daher:

- Den Auftrag in den eigenen Worten mündlich zusammenfassen,
- in Haltung und Körpersprache zeigen und aussprechen, dass der Auftrag verstanden ist,
- Rückfragen, was noch unklar geblieben ist,
- im Fall einer Auftragsannahme die nächsten Schritte ankündigen: Was wird in welcher

Reihenfolge nun getan (Angebotserstellung, Prüfung der Aufgabenstellung, Start der Recherche, Terminierung nächster Gespräche)? Was soll in diesem Zeitraum die Auftragsseite übernehmen (zum Beispiel einen Vertrag vorbereiten, entscheiden, wer bei der Präsentation anwesend sein muss, die Präsentation terminieren, weitere Informationen zusammenstellen)?,

- im unmittelbaren Anschluss diese Schritte mit Zuständigkeiten schriftlich protokollieren. Den Auftrag paraphrasieren und um Bestätigung bitten,
- im Fall einer Absage: zeitnah nach dem Gespräch mit einer präzisen, schriftlichen Begründung die Entscheidung mitteilen,
- den Auftrag zu Beginn des Konzepts schriftlich – möglichst in ganzen Sätzen – fixieren. Je näher die Formulierung an dem ist, was die Auftragsseite wörtlich als Erwartungen formuliert hat, umso besser. Der Darstellung Struktur geben und einen sachlichen Stil wählen,
- alle Teilaufgaben und Zielvorstellungen, die mit dem Auftrag geliefert worden sind, aufnehmen.

Vier-Ohren-Modell

Zwischenmenschliche Kommunikation dient dem Informationsaustausch – einerseits. Andererseits ist Kommunikation die Gestaltung von Beziehung zwischen Menschen. „Man kann nicht nicht kommunizieren", haben Paul Watzlawick, Janet H. Beavin und Don D. Jackson 1969 festgestellt und als eines von fünf metakommunikativen Axiomen festgelegt.[13] Sie gelangten auch zu der Erkenntnis, dass jede Kommunikation von ihrem Beziehungsaspekt dominiert wird, der den Inhalt überstimmt. Friedemann Schulz von Thun[14] entwickelte später das Vier-Ohren-Modell für eine bessere Verständigung zwischen Menschen: Jede Äußerung lässt sich sendungsseitig mit vier Bedeutungsaspekten versehen und empfangsseitig vierfach interpretieren: auf der reinen Sachebene als Information, auf der Beziehungsebene als bewertetes Bild des Miteinanders, auf der Appellebene als Aufforderung an den Zuhörenden und auf der Selbstkundgabeebene als Botschaft über die Verfassung und Interessen des*der Redner*in. Mit dem Vier-Ohren-Modell oder Kommunikationsquadrat ist es möglich, kommunikative Konflikte zu erklären und zu lösen. Schulz von Thun empfiehlt, im Gespräch bewusst die Perspektive zu wechseln, um anders und konstruktiver auf die Botschaften des Gegenübers reagieren zu können – ein hilfreicher Ausweg aus kommunikativen Endlosschleifen.

„Auch ich war immer daheim, grub, krautete, stocherte, handhabte die Gießkanne, besah alles, was *wuchs, tagtäglich* **genau und bin daher mit jeder Rose, mit jedem Kohlkopf, mit jeder Gurke intim bekannt geworden. Eine etwas beschränkte Welt, so scheint's. Und doch, wenn man's recht erwägt, ist all das Zeugs, von dem jedes einzelne** *unendlich und unergründlich* **ist, nicht weniger bemerkenswerth als Alpen und Meer, Japan und China.“**

Wilhelm Busch (1832–1908), deutscher Zeichner, Maler und Schriftsteller

Leseempfehlungen

Habermas, Jürgen: Theorie des kommunikativen Handelns. Band 2: Zur Kritik der funktionalistischen Vernunft. 10. Auflage, Frankfurt am Main: Suhrkamp, 2016.

Oeckl, Albert; Kuss, Brigitte: OECKL. Handbuch des Öffentlichen Lebens – Deutschland 2020. Buchausgabe 69. Jahrgang, Bonn: Festland Verlag GmbH, 2020.

Röhner, Jessica; Schütz, Astrid: Psychologie der Kommunikation. Basiswissen Psychologie. 2. Auflage, Wiesbaden: Springer, 2016.

Rogers, Carl R.; Stein, Brigitte: Der neue Mensch. Konzepte der Humanwissenschaften. 10. Auflage, Stuttgart: Klett-Cotta, 2015.

Schulz von Thun, Friedemann: Miteinander reden. Störungen und Klärungen. Psychologie der zwischenmenschlichen Kommunikation. Reinbek bei Hamburg: Rowohlt, 1981.

Watzlawick, Paul, Beavin Bavelas, Janet H.; Jackson, Don D.: Menschliche Kommunikation. Formen, Störungen, Paradoxien. Nachdruck der 10., unveränderten Auflage,Bern: Huber, 2003.

Denkanstoß: Vogelperspektive, Froschperspektive, Fischauge: den Blick weiten

Haben Sie den Garten schon einmal aus verschiedenen Blickwinkeln betrachtet? Sehen Sie vom Boden aus in die Baumkrone. Oder vom Fenster im fünften Stock auf den Farbverlauf des Blumenbeetes. Laufen Sie langsam aus der hintersten Ecke zum Tor. Blicken Sie durch Gartenzwergaugen auf das Haus. Stecken Sie Ihre Nase in eine frisch geöffnete Magnolienblüte. Machen Sie zu jeder Jahreszeit vom gleichen Standpunkt aus ein Foto. Achten Sie auf das Vogelkonzert am Morgen oder auch auf das Dauerrauschen der Straße. Sie werden erstaunt sein, wie anders der gleiche Garten aussehen, riechen, klingen kann. Ihr Gesamtbild wird das auf jeden Fall verändern. Es wird ganzheitlicher und genauer. Sie werden die Zusammenhänge viel besser verstehen. Sie bekommen neue Ideen für die Gestaltung und schätzen bestimmte Ecken mehr. Um diesen ganzheitlichen Blick geht es gerade in der Anfangsphase von Konzepten. Das Gespräch mit Auftraggeber*innen bildet den Auftakt für den Gang durch den Garten.

Anmerkungen

1 Vgl. Oeckl, Albert; Kuss, Brigitte: OECKL. Handbuch des Öffentlichen Lebens – Deutschland 2020. Buchausgabe 69. Jahrgang, Bonn: Festland Verlag GmbH, 2020.

2 Vgl. Unternehmenslandschaft in Deutschland. Zitiert nach de.statista.com. https://de.statista.com/themen/2452/unternehmenslandschaft/ [05.07.2020].

3 Vgl. Die Anzahl der haupt- und nebenamtlich geführten Verbände – Entwicklung seit 1990. https://www.verbaende.com/hintergruende/studien-statistiken.php [05.07.2020].

4 Vgl. Thurm, Frieda: Deutschlands Vereine sind auf der Landflucht. In: Zeit online, 05.09.2018. https://www.zeit.de/gesellschaft/zeitgeschehen/2018-09/vereinssterben-vereine-land-laendlicher-raum-statistik [17.07.2020].

5 Vgl. Bundesverband Deutscher Stiftungen (2019): Statistiken zum deutschen Stiftungswesen. https://www.stiftungen.org/stiftungen/zahlen-und-daten/grafiken-zum-download.html [17.07.2020].

6 Vgl. Deutscher Städtetag (2018): Die Mitglieder des Deutschen Städtetags. http://www.staedtetag.de/mitglieder/ [17.07.2020].

7 Vgl. Anzahl der Hochschulen in Deutschland in den Wintersemestern 2014/2015 bis 2018/2019 nach Hochschulart. Zitiert nach de.statista.com. https://de.statista.com/statistik/daten/studie/247238/umfrage/hochschulen-in-deutschland-nach-hochschulart/ [17.07.2020].

8 Vgl. Anzahl der allgemeinbildenden Schulen in Deutschland im Schuljahr 2018/2019 nach Schulart. Zitiert nach de.statista.com. https://de.statista.com/statistik/daten/studie/235954/umfrage/allgemeinbildendeschulen-in-deutschland-nach-schulart/ [17.07.2020].

9 Vgl. Liersch, Anja; Asef, Dominik: Spartenbericht Kultur. Statistisches Bundesamt 2017. https://www.destatis.de/DE/Themen/Gesellschaft-Umwelt/Bildung-Forschung-Kultur/Kultur/Publikationen/Downloads-Kultur/spartenbericht-museen-5216205179004.pdf?__blob=publicationFile [17.07.2020].

10 Vgl. Rogers, Carl R.; Stein, Brigitte: Der neue Mensch. Konzepte der Humanwissenschaften. 10. Auflage, Stuttgart: Klett-Cotta, 2015.

11 Röhner, Jessica; Schütz, Astrid: Psychologie der Kommunikation. Basiswissen Psychologie. 2. Auflage, Wiesbaden: Springer, 2016: 140.

12 Vgl. Habermas, Jürgen: Theorie des kommunikativen Handelns. Band 2: Zur Kritik der funktionalistischen Vernunft. 10. Auflage, Frankfurt am Main: Suhrkamp, 2016.

13 Vgl. Watzlawick, Paul; Beavin Bavelas, Janet H.; Jackson, Don D.: Menschliche Kommunikation. Formen, Störungen, Paradoxien. Nachdruck der 10., unveränderten Auflage,Bern: Huber, 2003.

14 Vgl. Schulz von Thun, Friedemann: Miteinander reden. Störungen und Klärungen. Psychologie der zwischenmenschlichen Kommunikation. Reinbek bei Hamburg: Rowohlt, 1981.

KAPITEL 4

Umgraben: Recherche und die Phasen des *Briefingprozesses*

Unter Briefings werden grundsätzlich alle Formen von Kurzeinweisungen verstanden. In der Kommunikation ist das Briefing im Anschluss an die Auftragsklärung die erste und wichtigste Bezugsquelle, die den folgenden Aufbau der Faktenlage und damit auch die Lösung bestimmt – „brief“ bedeutet „kurz“.

Ein Briefing ist eine knapp gehaltene und möglichst präzise, zunächst schriftliche Zusammenfassung des Anlasses und der Aufgabe am Beginn des Konzeptionsprozesses. Weitere Briefingphasen folgen.

Das schriftliche Briefing ist bereits Auftakt der Faktensammlung

Während bei der Auftragsklärung zunächst nur ein erstes Bild von der Aufgabe und den Erwartungen der Auftragsseite vermittelt wird, enthält das Briefing jetzt alle erforderlichen Sachverhalte, die die ausführende Seite benötigt, um den Auftrag umsetzen und mit der Konzeptarbeit beginnen zu können, zum Beispiel die folgenden Fakten:

- ZUM GEGENSTAND DES KONZEPTS: Worum geht es? Welche Themen sind relevant? Welche Anlässe und Ereignisse hängen mit dem Bezugspunkt des Konzepts zusammen? Welches sind Stärken und Schwächen, die für die Kommunikation relevant werden könnten?

- ZU DEN RAHMENBEDINGUNGEN: Bis wann muss das Konzept fertiggestellt sein? An welche Termine ist der Prozess gebunden? Bis wann müssen welche Stufen erreicht sein? Welche Ressourcen stehen zur Verfügung? Wie hoch ist das Budget? Welche Einschränkungen gibt es? Welche Vorgaben oder Codices müssen eingehalten werden?

- ZUR AUFTRAGSSEITE: Wie ist die Positionierung des Unternehmens/der Organisation? Welche Aussagen zu Philosophie oder Kultur sind relevant? Als was wird die

Organisation gesehen? Welche Geschichte steht dahinter? Wie ist die Organisation personell aufgestellt? Was sind unter Umständen die Führungs- und Managementprinzipien?

- **ZUM KOMMUNIKATIONSSTATUS: Was kennzeichnet die bisherige Kommunikation? Was wurde bereits im Zusammenhang mit dem Auftrag intern oder extern angestoßen? Welche kommunikative Grundlage und Grundausstattung besteht, die in Bezug auf den neuen Fall genutzt werden kann? Gab es schon negative Erfahrungen mit bestimmten Instrumenten oder besonders positive und bewährte Maßnahmen? Gibt es dazu Medienresonanzanalysen? Wie ist die Akzeptanz auf Medienseite? Wie ist die interne Kommunikation aufgestellt? Gibt es Imageuntersuchungen?**

- **ZU DEN UMFELD- UND MARKTBEDINGUNGEN: Wie ist der Wettbewerb aufgestellt? Wie kommuniziert der Wettbewerb? Wie sind die sozioökonomischen Bedingungen? Welche Prognosen und Projektionen sind möglich? Welche relevanten Trends und Bedürfnisänderungen oder neuen (technischen) Entwicklungen gibt es? Welche Akteure oder Themen im Umfeld könnten hilfreich sein oder sind es bereits? Wie ist die gesetzliche und politische Lage?**

4.1 Frühbeet anlegen: Formen und Funktionen des Briefings

Das Briefing vermittelt den Grund des Kommunikationsauftrags und alle relevanten Fakten ausschließlich aus Sicht der Auftrag gebenden Seite. Erst zu einem späteren Zeitpunkt kommen im Konzeptionsprozess mit zusätzlichen Recherchen, weiteren Gesprächen und der Unterscheidung nach Stärken, Schwächen, Chancen und Risiken Fakten hinzu, die diese Sicht ergänzen und sogar komplett widerlegen können. In der Konsequenz kann sich rückwirkend die Aufgabenstellung verändern.

Eine Sonderform des schriftlichen Briefings ist die öffentliche Ausschreibung. Für Organisationen, die öffentliche Gelder verwalten, ist sie Pflicht. Neben allen juristischen und verfahrenstechnischen Informationen, die die Ausschreibung enthält, wird der Auftrag hier auch inhaltlich beschrieben und damit ein schriftliches Briefing bereitgestellt.

Organisationsdaten

- Philosophie und Kultur
- Ziele und Entwicklung
- Absatz- und Umsatzentwicklung
- Innovationsfähigkeit
- Führungs- und Managementprinzipien
- Personalentwicklung, Aus- und Weiterbildung
- Entlohnungssysteme

Markt

- Gesamt- und Teilmärkte (Entwicklung)
- Zielgruppendisposition
- sozioökonomische Bedingungen (Kaufkraft, Einkommensentwicklung)
- Konkurrenz/Wettbewerb
- Handel/Absatzmittler
- Prognosen und Projektionen

Umfeld

- Werte und Trends – Bedürfnisänderung/Neuorientierung, technische Entwicklungen
- ökonomische Rahmenbedingungen
- Gesetzgebung
- Politik
- mediales Umfeld

Kommunikation

- Kommunikations- und Marketingpolitik
- Imageuntersuchungen und -ergebnisse
- Akzeptanz bei Medien und Meinungsführung
- Rankings
- interne Kommunikation
- Medienresonanzanalyse

Abbildung 3: Struktur für die Faktensammlung aus Briefing und Recherche

Das Gartenzwerg-Briefing: vier neue Zwerge und viele Fragezeichen

Noch ist es ruhig. Die neuen Zwerge stehen auf einem Präsentiertisch im Besprechungsraum: vier Figuren aus Kunststoff, die aus dem Wichtelrahmen fallen. Alle vier sind 1,20 Meter groß und tragen „Schulhof-Accessoires" statt Gießkannen oder Laternen. Ein Zwerg steckt in Flipflops und trägt royalblaue Retro-Radlerhosen zum gleichfarbigen Rucksack. Ein anderer in senfgelbem Hoodie und Jeans stemmt Hanteln. Der dritte im schwarzen Sweater mit weißer Jogginghose telefoniert auf einem goldenen Handy. Auch eine Zwergin gibt es. Mit Tanktop, Jeansjacke, Turnschuhen und jeder Menge pink-oranger Armbänder steht sie auf einem Skateboard. Dass alle Figuren trotzdem als Gartenzwerge zu erkennen sind, liegt an den eindeutigen Gartenzwerggesichtern und ihren roten Mützen. Noch sind die Zwerge Prototypen und nicht in Produktion gegangen. Für ihr Design hat die Garten & Schmuck GmbH aber bereits Geschmacksmusterschutz angemeldet.

Wir wissen aus dem schriftlichen Briefing, dass das Unternehmen zum Mittelstand gehört, bald 100-jähriges Jubiläum feiert und bisher in drei Segmenten – Gartenpflege, Gartenmöbel, Gartenschmuck – ein ziemlich umfangreiches Sortiment anbietet. Im Briefing hieß es außerdem wörtlich: „Die Garten & Schmuck GmbH führt eine neue Generation Gartenzwerge im Markt ein, die in der Auftaktsaison 20.000-mal verkauft werden soll. Als Käuferzielgruppe sieht das Unternehmen Schrebergärtner*innen, Gartenfreunde und junge Leute. Die Agentur soll ein begleitendes Kommunikationskonzept mit Fokus auf Produkt-PR erstellen."

Schriftlich, mündlich, gründlich: die vier Phasen des Briefings

Nach der Auftragsklärung und dem ersten schriftlichen Briefing folgen Gesprächsphasen zur Verständigung und Vertiefung. Es kann sinnvoll sein, in den Konzeptionsprozess einen „Schulterblick" einzuplanen oder Zwischenpräsentationen vorzusehen. Der Prozess endet nach Durchführung aller Maßnahmen mit einer Schlussbesprechung oder Manöverkritik, dem sogenannten Debriefing. Diese Phase der gemeinsamen Nachbereitung dokumentiert die negativen und positiven Erfahrungen, Erlebnisse und Ergebnisse im Verlauf eines Projektes oder seiner Etappen. In einem Workshop werden sie zusammengestellt und reflektiert, Ursachen und Verbesserungsmöglichkeiten erörtert. Das Debriefing ist eine Methode der Fehlervermeidung und des gemeinsamen Lernens im Team. Es dient der Qualitätssicherung. Empfehlenswert sind demnach vier Schritte im Briefingprozess:

Ein schriftliches Briefing zum Start

- Das schriftliche Briefing ist Ergebnis der internen Klärung aller wichtigen Fragen und Antworten. Die Verantwortung liegt bei der Auftragsseite.
- Inhalte sind, wie in Abbildung 3 dargestellt, die wichtigsten Fakten zu Organisation und Markt, Kommunikation und Umfeld.
- Das schriftliche Briefing spiegelt nur die Sicht der Auftrag erteilenden Seite wider. Erst mit Beginn der SWOT-Analyse wird die Faktenlage erweitert.
- Der Umfang des schriftlichen Briefings ist mit zirka zwei bis fünf Seiten kurz (brief).
- Es geht nicht darum, die Agentur oder externe Beratung mit Material zu überfrachten, das der Lösung der Aufgabe nicht dient.
- Die schriftliche Form gewährleistet Klarheit auf Beratungsseite und unterstützt eine zielführende Konzeptarbeit.

Im Anschluss: erstes Briefinggespräch

- Nach Analyse des schriftlichen Briefings setzt das Konzeptteam die Recherchen fort, die in der Auftragsklärungsphase begonnen

Denkanstoß: Die richtigen Fragen stellen

Überlegen Sie sich zehn Fragen zum geschilderten Fall der Garten & Schmuck GmbH und ihren Zwergen auf Seite 65. Überlegen Sie außerdem, welche davon Sie mit Hilfe einer eigenen Recherche beantworten können und sollten und welche Sie in das folgende Briefinggespräch integrieren. Unterscheiden Sie für das Gespräch zwischen Verständnisfragen und leitenden Fragen.

haben, und stellt die wichtigsten offenen Fragen zusammen.

- Eine gute Recherche zeichnet sich durch die Nutzung aller zur Verfügung stehenden Quellen aus. Ausgewertet werden, neben persönlichen Gesprächen und Vor-Ort-Recherchen, auch die Medienberichterstattung, Markt- und Meinungsforschung beziehungsweise vorhandene Studien, internetgestützte Recherchen, Datenbanken, Archive und Unternehmensquellen.
- Das Briefinggespräch vermittelt einen noch besseren Eindruck von der Arbeitsweise, den Kenntnissen und der Beratungsleistung externer oder interner Kommunikationsexpert*innen.
- Auch wenn jetzt der Wortanteil der Beratung notwendigerweise größer ist als bei der Auftragsklärung, gilt weiterhin das Prinzip: übermäßige Selbstdarstellung vermeiden. Mit dem mündlichen Briefing wird der Aufbau eines Vertrauensverhältnisses fortgesetzt. Aktives Zuhören und die zurückhaltende Moderation der Gesprächsrunde sowie der Abgleich von Fragen und Informationenbestimmen das Gespräch.
- Es geht weniger um lineares Abfragen als um ein erstes gemeinsames Durchdenken. Deshalb ist es zwar notwendig, das Gespräch inhaltlich vorzubereiten und dabei auch die wichtigsten Fragen vorzuformulieren, nicht aber einen möglichst umfangreichen Fragenkatalog aufzustellen und abzuarbeiten.

Die Qualität der Fragen lässt auf die Beratungsqualität schließen.

- Distanz bewahren: Grundlegend für ein gutes Konzept ist eine unabhängige Perspektive, die auch das Briefinggespräch bestimmen sollte. Es ist nicht relevant, ob die Gartenzwerge der Agentur selbst gefallen.
- Keine vorschnellen Schlüsse ziehen: Für Schlussfolgerungen oder Zwischenvermutungen ist es auch im Briefinggespräch noch zu früh. Erst aus einer vollständigen Faktenlage beziehungsweise Situationsanalyse lassen sich (später) weiterführende Aussagen ableiten.
- Die Dauer des Gesprächs ist mit ein bis zwei Stunden kurz.
- Die Personenzahl auf beiden Seiten sollte ausgewogen sein. Grundsätzlich spricht vieles dafür, den Kreis zu diesem Zeitpunkt noch überschaubar zu halten, aber bereits mehr Personen als bei der Auftragsklärung einzubeziehen.
- Erwartungsabgleich zum Schluss: Das Briefinggespräch endet mit dem Abgleich der Erwartungen. Die Ergebnisse werden zusammenfasst und die nächsten Schritte in Aussicht gestellt.
- In einem Protokoll werden Ergebnisse und Vereinbarungen schriftlich festgehalten und anschließend freigegeben. Sie gelten damit verbindlich als weitere Arbeitsgrundlage.

Oft erforderlich: das Rebriefing im laufenden Prozess

- Das Rebriefing schließt im laufenden Konzeptionsprozess – meist in der strategischen Phase – Informations- und Plausibilitätslücken auf Beratungsseite und schafft rechtzeitig Transparenz über einen eingeschlagenen Lösungsweg.
- Nicht immer ist ein Rebriefing möglich oder erforderlich.

- Ein Rebriefing kann aus vielen Gründen sinnvoll sein:
  - wenn beispielweise – trotz des ersten Gesprächs und der Schriftform, aller mitgegebenen Unterlagen wie auch der eigenen Recherchen – noch Fragen offenbleiben;
  - wenn absehbar ist, dass sich die ursprüngliche Aufgabenstellung stark verändern wird und vor der Präsentation gemeinsame Entscheidungen notwendig sind;
  - wenn sich im ersten Gespräch gezeigt hat, dass Meinungen auseinandergehen und kritische Informationen in gleicher oder großer Runde deshalb zurückgehalten werden.
- Das Rebriefing kann ganz unterschiedliche Formate haben: Es kann als Gespräch im großen Kreis angesetzt sein, aber auch als eine ganze Reihe von Sondierungsgesprächen mit einzelnen Personen, als Zwischenpräsentation, als Workshop, in dem der Stand gemeinsam präzisiert wird, oder als „Schulterblick" zur Vorauswahl erster grafischer Entwürfe.

Umsetzung und Debriefing

- Zur Umsetzung einer Kommunikationsmaßnahme oder -phase gehört ihre Evaluation (siehe Kapitel 6, Kommunikationsziele).
- Dabei werden die Ergebnisse mit den im Konzept festgelegten Zielen abgeglichen.
- Der kritische Rückblick (auch als Debriefing bezeichnet) beendet den Briefingprozess.

4.2 Von Artenschutz bis Gartencenter: geteilte Verantwortung und geänderte Briefingvorzeichen

Für den Konzeptionsprozess und seine Qualität tragen immer zwei Seiten Verantwortung: die Seite, die beauftragt, und die Seite, die den Auftrag entgegennimmt und ausführt. Wir haben in Kapitel 3.3 bereits Konzeptionsprozesse und Konstellationen auf der ausführenden Seite vorgestellt. Nach der Auftragsklärung geht es jetzt darum, die Rollen- und Aufgabenteilungen zu betrachten. Dabei stellen wir anhand weiterer Beispiele aus dem Garten auch persönliche, strukturelle oder wirtschaftliche Dispositionen vor. Faktoren wie Größe und Umfang, Sicherheit und Vorerfahrung, interne oder externe Vergabe, kulturelle und psychologische Voraussetzungen, Rollenverständnis und vieles mehr haben Einfluss darauf, welche Teile des zuvor skizzierten Briefingverfahrens sich im Prozess als realistisch erweisen. Das tatsächliche Vorgehen muss sich immer danach richten, was vorausgesetzt werden kann. Nicht immer gibt es ein schriftliches Briefing zum Auftakt. Vor allem bei organisationsinternen Anlässen werden Aufträge und Briefings oft nur kurz per Mail oder mündlich weitergegeben. Dann ist es die Aufgabe der beauftragten Seite, sich Sicherheit zu verschaffen, indem sie die wesentlichen Inhalte des Briefings schriftlich festhält und der beauftragenden Seite zum Abgleich übermittelt. Beispiele möglicher Fälle, Konstellationen und Briefingabläufe aus dem Garten:

- **Eingespieltes Verfahren mit allen fünf Stufen:** Eine Gartencenter-Kette schreibt auf der Suche nach einer geeigneten Agentur für eine Gesamt-Kampagne eine Wettbewerbspräsentation aus – eine Routine. Aus mehreren Agenturen wird in einem mehrstufigen Pitch-Verfahren diejenige mit dem besten Profil und Preis-Leistungs-Verhältnis ausgewählt. Das Unternehmen hat schon viele große Kampagnen ausgeschrieben. Die Abläufe sind eingespielt, die Zuständigkeiten überwiegend geklärt. Es gibt ein festes und umfangreiches Jahresbudget für Kommunikation. Zu den eingespielten Verfahren gehören ein schriftliches Briefing mit Anlagen, ein Briefinggespräch und sehr wahrscheinlich ein „Schulterblick". Die ausführende Agentur, die den Zuschlag erhält, wird nach der Präsentation zur Evaluation verpflichtet.

Briefinggespräch geht in Beratung über: Der Schrebergartenverein hat eine neue Vorstandsvorsitzende. Sie hat große Pläne, aber wenig Vorerfahrung in strategischer Kommunikation und trägt für die nächsten drei Jahre die Verantwortung. Für ihre neue Position braucht sie zusätzliche Kompetenzen (sie muss jetzt häufiger Sitzungen leiten, Reden halten, verhandeln etc.) und ein Konzept, das sie erst zu einem späteren Zeitpunkt dem Gesamtvorstand selbst präsentieren will. Sie sucht sich dafür externe Beratung, die sie zum Auftakt strategisch begleitet und ihr auch dabei hilft, Kompetenzlücken zu schließen. Ein schriftliches Briefing kann die Auftraggeberin nicht leisten. Sie kann lediglich nach Vorgabe einige Unterlagen zusammenstellen. Die Präsentation und Evaluation ist ihr überlassen. Das Briefinggespräch geht unmittelbar in die Beratung über.

Regelmäßiger Abgleich mit Zwischenpräsentationen: Der Botanische Garten einer Universität ist von einem Landschaftsarchitekturbüro über die Dauer von fast zwei Jahren erweitert und umgebaut worden. Anlass für den Umbau sind die Feierlichkeiten zum 150-jährigen Jubiläum. Nun steht die Wiedereröffnung an. Die Fachwelt, die interessierte Bevölkerung vor Ort, die Kommunal- und Landespolitik, die das Projekt unterstützt und bezuschusst hat, sowie Studierende und Lehrkräfte sollen den neuen Garten kennenlernen. Die Leitung des Botanischen Gartens hat sich schon vor längerer Zeit dazu mit der Kommunikationsabteilung der Universität verständigt und den Auftrag für ein Kommunikationskonzept erteilt. Für die Abteilung ist das Vorhaben groß, weil die personellen Ressourcen begrenzt sind. Viele Teilzeitkräfte müssen zum Gelingen beitragen. Der zeitliche Vorlauf war aber gut bemessen. Es war möglich, im laufenden Uni-Betrieb einen regelmäßigen Jour fixe zum Planungsstand einzurichten, an dem auch Beteiligte der Verwaltung und der Haustechnik etc. teilnehmen. Diese Termine liefern die Informationen für das entstehende Konzept, das hier auch regelmäßig und in Teilen vorgestellt wird. Der Jour fixe hat zugleich die Funktion fortgesetzter Briefinggespräche und Schulterblick-Termine. Als öffentlich-rechtliche Institution ist die Universität zur späteren Evaluation verpflichtet und verknüpft sie mit einem Praxisauftrag an Studierende der Soziologie.

Eigenes Briefing, mehrere Präsentationen: Innerhalb einer Umweltschutzorganisation erhält ein neu zusammengestelltes Team aus Fachleuten und Personen der Kommunikationsabteilung den Auftrag, ein Kommunikationskonzept von überregionaler Reichweite zum Thema „Garten und Artenschutz" zu entwickeln. Weil sich die Organisation aus Spendengeldern finanziert, arbeitet sie selten mit externer Unterstützung. Kostenintensive Mittel wie Anzeigenwerbung kommen gewöhnlich ebenfalls nicht in Frage. Die Selbstverpflichtung zum sparsamen Mitteleinsatz ist Leitlinie aller Briefings. Den aktuellen Auftrag hat die Leitung erteilt. Die Organisation arbeitet parallel an vielen Themen, die fast ausnahmslos einen Bewusstseinswandel beziehungsweise Verhaltensänderungen zum Ziel haben. Kommunikationskonzepte, die in Richtung Verbraucher*innen, Naturschutzinteressierte und Politik wirken, sind alltäglich. Das zuständige Team übernimmt das schriftliche Briefing selbst. Es muss mehrere Präsentationen geben: vor der Leitung und auch bei der Mitgliederversammlung.

Workshops statt Briefinggespräche: Ein Verein zum Schutz von Streuobstwiesen besteht seit fünf Jahren. Dem Verein gehören bewirtschaftete Wiesen, ein Garten mit alten Obstsorten und ein Hofladen mit Café. Kurse von Baumschnitt bis „Richtig Düngen", Informationsveranstaltungen für Erwachsene und Kinder und vieles mehr stehen auf dem Programm. Allerdings plagt den Vorstand des Vereins ein Problem: Die jüngeren aktiven Vereinsmitglieder steigen mit der Familiengründung meist aus. Dabei sind sehr engagierte und fachlich versierte Leute unter ihnen. Zudem wird eine ganze Reihe von Mitgliedern in den nächsten Jahren altersbedingt austreten. Eine interne Mitgliederkampagne soll Abhilfe schaffen. Der Vereinsvorstand weiß, dass gehandelt werden muss, aber nicht, wie. Zur fachlichen Verstärkung engagiert der Verein eine kleine Agentur aus der Nähe. Nach der Auftragsklärung im Vier-Augen-Gespräch folgen zwei bis drei Workshops, in denen Vorstand und Beratung gemeinsam ein Konzept erarbeiten. Die Agentur sorgt zu jeder Zeit für die schriftliche Fixierung und übernimmt auch die Evaluation.

Briefinggespräch als Planungsrunde: Der Verband für Gartenabfall und Kompostieren (VGK) führt auf seiner Jahrestagung eine Mitgliederbefragung durch. Das Ergebnis ist ernüchternd: Über 50 Prozent der Mitglieder sind mit der Verbandsarbeit unzufrieden. Sie wünschen sich mehr Sichtbarkeit und mehr politischen Einfluss. Landesweit ist der Verband in zwölf eigenständige Regionalgruppen gegliedert. In einem moderierten Verfahren und unter Einbeziehung von Delegierten aus allen Gruppen soll ein Konzept zur verbesserten Mitgliederkommunikation entstehen. Den Zuschlag erhält ein Duo aus einem Kommunikationsexperten mit Gartenschwerpunkt und einer Kommunikationsexpertin mit Verbands- und Politikschwerpunkt, die schon in einem anderen Fall Prozesse erfolgreich zusammen moderiert und zum Ergebnis geführt haben. Das Briefinggespräch mit dem Vorstand und einigen Delegierten gleicht bereits einem Planungstreffen für den Prozess, in dem das Konzept gemeinsam entwickelt werden soll. Er wird mindestens ein Jahr in Anspruch nehmen. Die Evaluation bezieht sich zunächst auf die Qualität dieser Entstehungsphase selbst.

Briefinggespräche vermitteln neben Fakten auch Stimmungen, Meinungen, Haltungen, Widersprüche. Sie haben eine Beziehungsebene. In der Regel kommt das Konzeptteam beziehungsweise die beratende Person zum ersten Mal nach Auftragserteilung in einer Arbeitssituation mit allen oder mehreren Verantwortlichen der beauftragenden Organisation zusammen. Gesprächsatmosphäre und Interaktion werden unter anderem davon beeinflusst, wer in welcher Rolle mit welcher Bereitschaft, Vorerfahrung und Einstellung teilnimmt.

Briefinggespräche und die Rollen der Beteiligten

- **KOMPETENZKONFLIKTE IM TEAM:** Das Gartencenter hat sich für die große Runde entschieden. Pressesprecherin, Marketingchef, Produktmanagement und Zuständige aus Fachabteilungen werden schon in das erste Briefinggespräch einbezogen. In solchen Konstellationen wird deutlich, wie die interne Zusammenarbeit läuft. Gibt es Vorbehalte untereinander? Wer dominiert? Kommt Konkurrenz zum Ausdruck? Wirken alle entsprechend ihrer komplementären Kompetenzen zusammen?

- **ROLLEN UND REIBUNGEN:** Der Schrebergartenvorstand besteht aus sieben Personen, die die Vorstandstätigkeit nur zeitweise und nebenbei im Ehrenamt ausüben. Ihre Bereitschaft, Zeit zu investieren, ihre eigentlichen Berufe und auch ihre private Lebensrealität sind ganz unterschiedlich. Alle verkörpern somit mehrere Rollen, in denen sie jeweils zu durchaus abweichenden Aussagen in Bezug auf die gleiche Aufgabe kommen können: Bernd Wiese will privat als Familienvater mit zwei kleinen Kindern den Naturspielplatz auf dem Schrebergartengelände gern durchsetzen, als Kassenwart im Vorstand lehnt er ihn wegen zu hoher Kosten komplett ab, als Chef einer Straßenmöbelmanufaktur sieht er gute Möglichkeiten, dem Verein Spielplatzbänke zu verkaufen. In Kapitel 7 (Zielgruppen) gehen wir auf Rollendispositionen und daraus resultierende Zielkonflikte weiter ein.

- **BEREITSCHAFT FÜR VERÄNDERUNG:** Ein Konzeptionsprozess ist ein Gemeinschaftswerk. Die zwölf Regionalgruppen des Verbands für Gartenabfall und Kompostieren (VGK) entsenden jeweils zwei Personen, die an dem moderierten Verfahren der Strategieentwicklung teilnehmen sollen. Nicht alle sind bereit, sich wirklich auf einen gemeinsamen offenen und ganz neuen Arbeitsprozess mit dem externen Beratungsteam einzulassen. Im günstigsten Fall entsteht Vertrauen im Prozess, im schlechtesten muss die beratende Seite immer wieder ihre Leistungsfähigkeit belegen und die Zusammenarbeit legitimieren.

Wichtig ist, bei der Auftragsvergabe genau festzulegen, wer die Konzeptionsentwicklung und Entscheidungsfindung koordiniert. Ein Konzept ist ein Klärungsprozess, der bereits mit der internen Abstimmung des Briefings und der darin skizzierten Aufgabe beginnt.

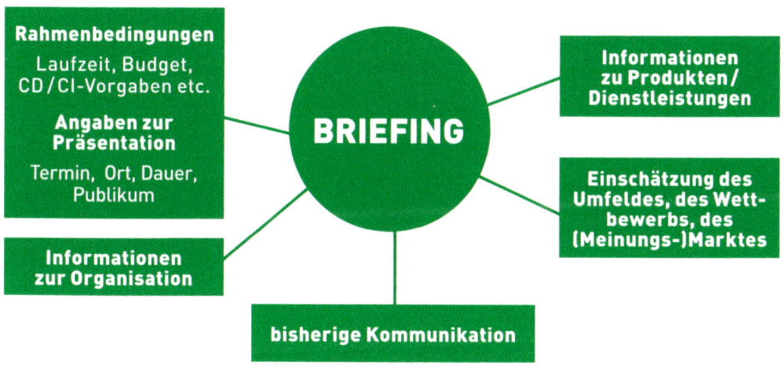

Abbildung 4: Eine erste Mindmap zum Briefing

DAS GARTENZWERG-BRIEFINGGESPRÄCH. Nach dem schriftlichen Briefing der Garten & Schmuck GmbH treffen wir jetzt drei Personen. Es sind:

DIE NEUE LEITERIN DES SEGMENTS GARTENSCHMUCK, FLOR MARTIN,
ist 30 Jahre alt, hat nach einem internationalen Managementstudium zunächst ein Landschaftsarchitekturprojekt geleitet, bevor sie vor rund einem Jahr die Stelle bei der Garten & Schmuck GmbH angenommen hat. Sie wirkt selbstbewusst. Im Gespräch macht sie deutlich, dass die neuen Gartenzwerge auf ihre Initiative zurückgehen und im Sortiment eindeutig gefehlt haben. Sie ist vom Ergebnis begeistert, spricht von „frischem Wind“ und „Gärten von morgen,“ von Farben, Outfits, Accessoires. Sie ist sicher, dass das Unternehmen sich damit verjüngen, beziehungsweise junge Menschen ansprechen kann, die eben keine Schubkarrenzwerge und Zierspringbrunnen wollen. Unsere Frage zum Wettbewerb beantwortet sie: Hommagen an Zwerge gebe es selbstverständlich viele, aber keine in dieser Kombination.

DER VERTRIEBSLEITER, WIELAND KERSCHBAUMER,
ein grauhaariger Mann in Jeans und Jackett, hat gerade sein 25-jähriges Firmenjubiläum gefeiert. Den Vertrieb hat er schon vor über 15 Jahren übernommen. Er wirkt nervös. Von den „Neuen" im Sortiment ist er weniger begeistert. Das Unternehmen schreibt schon immer schwarze Zahlen. Die Zwerge hätte es nicht gebraucht. Und auch die externe Unterstützung sieht er skeptisch. Die Garten & Schmuck GmbH ist schon immer ohne ausgekommen. Die Absatzzahl 20.000 geht auf ihn zurück – rein kalkulatorisch bei einem Verkaufspreis von 39,99 € pro Stück. Unsere Frage zum Vertrieb beantwortet er: Schon immer habe das Unternehmen auf einen soliden Gartenvertrieb über den Fachhandel und die großen Gartencenter gesetzt. Daran werde sich auch nichts ändern.

DIE LEITERIN KOMMUNIKATION, ROSEMARIE KLEE,
ist groß und wirkt ruhig und offen. Im Haar steckt eine Lesebrille. Sie leitet das Gespräch und übernimmt die Einführung. Unsere Frage zum Zeitplan beantwortet sie: Ab 1. Februar sollen die Zwerge serienweise in den Regalen stehen. Davor müssten sie in allen Gartenmagazinen aufgetaucht sein, in allen Gartenportalen, in sämtlichen Facebook-Gartengruppen und so weiter. Die Garten & Schmuck GmbH sei im Garten zu Hause. Das Sortiment spreche alle an, die ein Haus mit Garten besitzen und zum Gärtnern eine zuverlässige wie grundsolide Ausstattung benötigen. Das sagt sie mehr als einmal. Zur Gartenpresse gebe es langjährige Kontakte. Sie stellt Kataloge, die Chronik und weitere Unterlagen in Aussicht, auch ein paar Informationen über das Pflegesortiment und die Möbel. Wir werden in drei Wochen zur Präsentation erwartet.

> **„Rose is** *a rose*
> **is a rose“**
>
> Gertrude Stein (1874–1946), amerikanische Schriftstellerin, Verlegerin und Kunstsammlerin

4.3 Ist eine Rose eine Rose? Sichere Quellen im Zeitalter von Fake News

Nicht nur für Journalist*innen ist Recherche unverzichtbar. Die Suche nach Fakten und die saubere Trennung von Fakten und Meinungen gehört auch zur Arbeitsweise in Kommunikationsberufen. Quellen bestimmen die Wertigkeit der Information. Am zuverlässigsten ist die Recherche nach Primärquellen, also nach ursprünglichen Informationen oder wissenschaftlichen Veröffentlichungen. Dazu gehören auch die unverarbeiteten Aussagen von Mitarbeitenden, die vom Unternehmen selbst veröffentlichten Zahlen etc. Informationen aus Sekundärquellen sind demgegenüber bereits einmal gefiltert und verarbeitet.

Denkanstoß: Zum Briefing

Überlegen Sie sich, welche der getroffenen Aussagen Sie noch einmal überprüfen würden. Welche sind glaubwürdig? Wie erleben Sie die drei skizzierten Personen? Welche Konflikte gibt es?

Die Mindmap: Ast für Ast die Lage sortieren

Die Mindmap ist eine von Tony Buzan entwickelte Technik, mit der sich planen, protokollieren oder ein ganzes Themengebiet erschließen lässt. Eine Mindmap kann auf zwei Arten erstellt werden: Entweder sie entsteht auf unlinierten, möglichst großen Papierbögen mit verschiedenfarbigen Stiften oder mit Hilfe von Mindmapping-Software. In diesem Fall sind ein Laptop mit Beamer und Leinwand oder ein großer Bildschirm erforderlich, damit alle die entstehende Gedankenlandkarte betrachten und ergänzen können. Für beide Versionen gilt: In der Mitte wird das zentrale Thema, der zentrale Begriff oder Auftrag notiert (zum Beispiel „Neue Gartenwergserie") und davon ausgehend die Hauptkategorien – oder besser – Hauptäste, zum Beispiel: „Unternehmen Garten & Schmuck", „neue Gartenzwerge", „bisherige Kommunikation", „Markt- und Meinungsumfeld", „Rahmenbedingungen". Von diesen Kategorien aus werden Informationen, Fakten, offene Fragen und

Empfehlenswert ist der Schritt zurück zur Originalquelle. Er lohnt sich vor allem bei Fakten und Meinungsäußerungen, die wesentlich für die kommunikative Argumentation im Konzept sind. Techniken und Systematiken für die Recherche sind in zwei Welten zu finden: in der Wissenschaft, die mit Quellen und sauberen Bezügen arbeitet, und im Journalismus.

Exkurs:
Wissenschaftliches Arbeiten:

Diese Methoden sind hilfreich, um eine gute Faktengrundlage für das Konzept zu erstellen. Wissenschaftliches Arbeiten ist letztlich die Suche nach gesicherten Erkenntnissen und lädt dazu ein, die Ausgangslage im Konzept aus der Vogelperspektive und von verschiedenen Seiten aus zu betrachten. Die Qualitätskriterien sind:

- Objektivität,
- Überprüfbarkeit,
- Reliabilität (Zuverlässigkeit),
- Validität (Gültigkeit),
- Nachvollziehbarkeit.

Neben eigenen Erhebungen, Beobachtungen und Gesprächen ist die Literaturrecherche – digital wie analog – wesentlicher Bestandteil wissenschaftlichen Arbeitens. Quellen sind:

- Bücher (Fachbücher, Lehrbücher, Handbücher, Sammelwerke),
- Artikel in Periodika und Zeitungen (Jahrbücher, Tagungsbände, Fachzeitschriften, Tages- und Wochenzeitungen, Magazine),
- Forschungsberichte und Studien (von Hochschulen, öffentlichen und privaten Forschungsinstituten, Fachverbänden, Stiftungen, Gewerkschaften, seriösen Markt- und Meinungsforschungsinstituten), Doktor- und Masterarbeiten,
- Gesetze,
- Statistiken (Statistisches Bundesamt, wissenschaftliche Statistiken, Statista),
- organisationsbezogene und private Publikationen (Nachhaltigkeitsberichte, Webseiten, Blogs, Social Media), wobei hier vor allem auf die oben genannten Qualitätskriterien zu achten ist!

Ideen aus dem Gespräch festgehalten und mit verzweigten Linien verbunden. Vom Hauptzweig „neue Zwerge“ gehen beispielsweise die Äste „vier Modelle,“ „großformatig,“ „Sortimentserweiterung,“ „neue Zielgruppen“ ab, vom Zweig „neue Zielgruppen“ wiederum die Zweige „junge Leute,“ „Menschen mit Schrebergärten,“ „Gartenfans“. Zusätzlich werden Rechercheaufträge eingefügt und mit Datum versehen: „Recherche Studien und Stimmungsbild zu Gartenzwergen in Schrebergärten bis Ende des Monats“.

Mindmaps können als Kreativtechnik auch später in der Positionierung und Taktik zum Einsatz kommen. Die Methode nutzt die Fähigkeit des Gehirns zur Kategorienbildung. Äste entstehen vor allem durch Assoziationsketten und können mit Farben verbunden oder mit Bildelementen hinterlegt werden. Im Gegensatz zum Brainstorming erzeugt eine Mindmap von Beginn an eine vernetzte Struktur.

Journalistische Recherche:
Journalismusschulen lehren es und für seriösen Qualitätsjournalismus gilt das Gebot: Recherchieren ist der saubere Umgang mit Quellen. Das „Netzwerk Recherche" hat zu dem Thema eine Fachpublikation herausgegeben.[1] Die Autoren empfehlen, sich eine Recherchestrategie zurechtzulegen, die folgendermaßen aussehen kann: „Versuche dir bei jedem Ereignis in der Chronik [Unterkapitel der Situationsanalyse, Anm. d. Verf.] vorzustellen, welche Quellen es dazu geben könnte." Diese Quellen werden dann einer der vier folgenden Kategorien auf der „Quellenkarte" zugewiesen:

- öffentliche Dokumente,
- Beobachtungen,
- Interviews,
- vertrauliche Dokumente.

Die Arbeit lohnt sich. Die Quellenkarte sorgt dafür, dass alle Referenzen systematisch geprüft werden und später genügend Alternativen zur Auswahl stehen. Denn nicht zu allen Quellen wird es dann einen Zugang geben.

Öffentliche Dokumente können sein:
Jahresberichte, Medienberichte, wissenschaftliche Artikel, Finanzberichte (auch Bilanzen), Tagungsbände, Statistiken, Preis- und Produktlisten, öffentliche Anhörungen, offene Briefe, Frage-/Antwort-Kataloge, Positionspapiere, Weißbücher, Webseiten, Blogs – alle Dokumente, die öffentlich zugänglich sind.

Anlässe für Beobachtungen können sein:
Vor-Ort-Termine in der Produktion, Besuch eines Unternehmens- oder Institutsstandorts, Test eines Produkts oder einer Dienstleistung, Laboruntersuchungen, Fokusgruppen in der Marktforschung, Teilnahme an Gesprächen, Fachtagungen, Sitzungen, Hospitanzen und Begleitung von Arbeits- sowie Alltagsabläufen und alle Anlässe, bei denen Menschen interagieren und kommunizieren.

Interviewpartner*innen können sein:
Lehrkräfte an Schulen und Hochschulen, Fachkräfte, Journalist*innen, Eltern, User, Blogger, Betroffene, Patient*innen, Auszubildende, Studierende, Mitglieder des Betriebsrats und des Managements – alle, die Auskunft geben können und die Innensicht kennen.

Vertrauliche Dokumente können sein:
Listen von Inhaltsstoffen, Finanzberichte, unveröffentlichte Studien, Wirtschaftlichkeitsrechnungen, Positionspapiere, Argumentarien, Stakeholder-Mappings, Markt- und Meinungsforschungsergebnisse, Belegschaftsbefragungen, Medienresonanzanalysen, Tagebücher, interne Arbeitsanweisungen – alle Dokumente, die nicht öffentlich zugänglich sind.

„Hast du einen *Garten und eine Bibliothek*, **dann hast du alles, was du brauchst."**

Marcus Tullius Cicero (106–43 v. Chr.), römischer Redner und Staatsmann

Interviewbasierte Recherche

Die Schreibtischrecherche, also die internetgestützte Suche nach Antworten auf drängende Fragen, sollte durch andere Mittel ergänzt werden. Dazu gehören Interviews mit potenziellen Zielgruppen, Expert*innen oder Medienvertreter*innen. Die folgende Checkliste hilft, sie vorzubereiten, durchzuführen und auszuwerten:

Informationen vor dem Interview:

- Recherche über das Thema,
- Informationen zur interviewten Person zusammentragen,
- unter Umständen Gespräche mit Dritten.

Gesprächstermin vereinbaren:

- Vorstellen, Anliegen und Zusammenhänge erläutern,
- Bereitschaft abfragen,
- Zustimmung zu Video- oder Audiomitschnitt einholen,
- Treffen oder Online-Konferenz mit Datum und Zeit vereinbaren,
- Absprache schriftlich bestätigen und bedanken.

Frageliste vorbereiten:

- Worauf kann die betreffende Person wirklich antworten? Aussortieren und streichen,
- für die Dramaturgie und den stringenten Aufbau die Reihenfolge der Fragen überlegen: Sprünge und Redundanzen vermeiden,
- Überleitungen eventuell vorformulieren, monotones Abfragen vermeiden,
- Zusatz- oder Ausweich-Fragen vorbereiten, falls Antworten enttäuschen,
- Fragen einschließen, die besonders interessante Antworten hervorrufen und zu einem lebhaften Gespräch führen, ohne zu persönlich zu werden oder Grenzen zu überschreiten (siehe Auftragsklärung/systemische Fragetechniken),
- offene Fragen stellen, geschlossene Fragen vermeiden.

Interview führen:

- vorzeitig da sein, auch bei einem Video-Gespräch,
- Begrüßung, Dank, Aufnahmetechnik aufbauen etc.,
- Interview entlang des entwickelten Gesprächsleitfadens führen,
- Antworten in Stichpunkten und zum Teil wörtlich mitschreiben,
- flexibel reagieren, wenn die interviewte Person – zum Beispiel – einer Frage ausweicht,
- Dank am Schluss.

Auswertung:

- Audiofile oder Video abhören und mit der Stichwort-Mitschrift abgleichen,
- Wiederholungen und Redundanzen kürzen,
- wichtigste Informationen für die Analyse extrahieren.

Leseempfehlungen

Brendel, Matthias; Brendel, Frank; Schertz, Christian; Reich, Helge; van Ess, Henk: Richtig recherchieren. Wie Profis Informationen suchen und besorgen. Ein Handbuch für Journalisten und Öffentlichkeitsarbeiter. 8., aktualisierte und überarbeitete Auflage, Frankfurt am Main: Frankfurter Allgemeine Buch, 2016.

Flockenhaus, Ute: 30 Minuten Gute Briefings, Offenbach: Gabal, 2016.

Haller, Michael: Methodisches Recherchieren. Konstanz: UVK, 2016.

Sengers, Luuk; Hunter, Mark Lee: Drehbuch der Recherche. Das verborgene Szenario. nr-Werkstatt 25, Netzwerk Recherche, 2018. https://netzwerkrecherche.org/wp-content/uploads/2018/07/nr-Werkstatt-25_web.pdf [13.07.2020].

Anmerkung

1 Sengers, Luuk; Hunter, Mark Lee: Drehbuch der Recherche. Das verborgene Szenario". nr-Werkstatt 25, Netzwerk Recherche, 2018. https://netzwerkrecherche.org/wp-content/uploads/2018/07/nr-Werkstatt-25_web.pdf [13.07.2020]: 54.

KAPITEL 5

Vogelperspektive: Die Situation mit Abstand *betrachten*

Die Vorarbeiten in der Phase Briefing und Recherche haben eine sortierte Faktensammlung erbracht. Noch sind die Fakten nicht selektiert, gewichtet und ins Verhältnis zueinander gesetzt. Im nächsten Schritt wird aus der Sammlung eine bewertete Übersicht. Ein bewährtes Instrument dafür ist die SWOT-Analyse. SWOT steht für Strengths, Weaknesses, Opportunities und Threats: Stärken, Schwächen, Chancen und Risiken.

Zum ersten Mal werden äußere Umstände und interne Fakten gegenübergestellt und anschließend miteinander verschränkt. Die Analyse sollte so knapp und vollständig sein, dass sich daraus am Ende Schlussfolgerungen in Bezug auf die Aufgabenstellung ziehen lassen.

5.1 Feld abstecken: Die Aufgabe gibt den Rahmen der Analyse vor

Beim Aufbau der Analyse bildet die Aufgabenstellung die Grundlage oder den Rahmen der Reflexion: Nur das wird in die SWOT-Analyse aufgenommen, was zur Lösung dieser spezifischen Aufgabe beiträgt. Das Feld der Betrachtung ist damit abgesteckt.

Die SWOT-Analyse versammelt wertfrei nur solche Aspekte, aus deren Verschränkung sich weiterführende Schlüsse ziehen lassen. Alle Fakten, die für die Kommunikation und die Lösung der Aufgabe nicht relevant sind, werden aussortiert. Die Selektion macht auch deutlich, dass Analysen nicht auf Menge, sondern auf Präzision ausgerichtet sind. Mit dem Fazit nach der Faktenordnung stellt sich die ursprüngliche Aufgabenstellung deutlich differenzierter dar. Sie wird im äußersten Fall sogar stark verändert beziehungsweise ganz verworfen, was eine zeitnahe Abstimmung mit der beauftragenden Seite (siehe Rebriefing) erfordert.

Exkurs: Ist es zulässig, die ursprüngliche Aufgabenstellung zu verändern?

Ja. Nach einer sorgfältigen kommunikativen Analyse liegt es in der Verantwortung der Beratung, zu prüfen, wie sinnvoll und realistisch der ursprüngliche Auftrag noch ist. Beratung bedeutet, wertfrei und mit Bezug auf Fakten den bestmöglichen Weg aufzuzeigen. Waren zum Zeitpunkt der Auftragsklärung und des Briefings noch ausschließlich die Vorstellungen der Auftragsseite bestimmend, zeigt sich jetzt, ob der Wunsch auch Aussicht auf Erfolg haben kann. Meinungen, persönliche Ansichten oder Annahmen, die sich nicht belegen lassen, sind als Grundlage für einen Beratungs- und Konzeptionsprozess ungeeignet. Das Ergebnis der Auseinandersetzung ist eine spezifische und oft sehr viel detailliertere Aufgabenstellung, als sie der anfängliche Auftrag formuliert.

Schlossgarten und Tourismus: Wer erteilt welchen Auftrag?

Eine Stiftung, die sich für den Erhalt eines historischen Schlossgartens in einer Kleinstadt einsetzt, erteilt einen Konzeptauftrag. Mehr Tourist*innen sollen in die Stadt kommen und auch den Garten besuchen. Aktuell unternehmen über 90 Prozent der Gäste einen Tagesausflug. Sie kommen nur für wenige Stunden in die Stadt, um das Schloss, selten aber den Garten zu besichtigen. Zu dem Ensemble gehört auch ein historischer Musikpavillon, der 20 Gehminuten vom Schlossgarten entfernt liegt. Gästebefragungen haben ergeben, dass weniger als 40 Prozent der Schlossbesucher*innen auch den Garten und weniger als 20 Prozent auch den Pavillon besichtigen. Der Stiftungsrat ist sich sicher: Mehr Übernachtungsgäste würden die Wahrscheinlichkeit eines kombinierten Schloss-, Garten- und Pavillonbesuchs erhöhen. Außerdem würden Hotels, Gastronomie und Einzelhandel profitieren. Der Zweck der Stiftung ist festgeschrieben. Sie hat sich in ihrer Gründungsurkunde dazu verpflichtet, den historischen Garten zu pflegen und zu erhalten, Schulbildung über Natur und Gärten zu fördern und internationale Beziehungen zur wissenschaftlichen Schlossgarten-Community aufzubauen. Eine einmal festgelegte Zweckbestimmmung ist bindend. Schon aus dieser ersten Faktenverschränkung wird ersichtlich, dass die Stiftung selbst diesen Auftrag zur Förderung des Tourismus ganz generell nicht erteilen darf. Dennoch ist das Anliegen aus Sicht der Stiftung legitim. Die neue Aufgabenstellung heißt demnach: Eine*n alternative*n Auftraggeber*in für den gleichen Auftrag zu finden, beispielsweise die Stadt selbst.

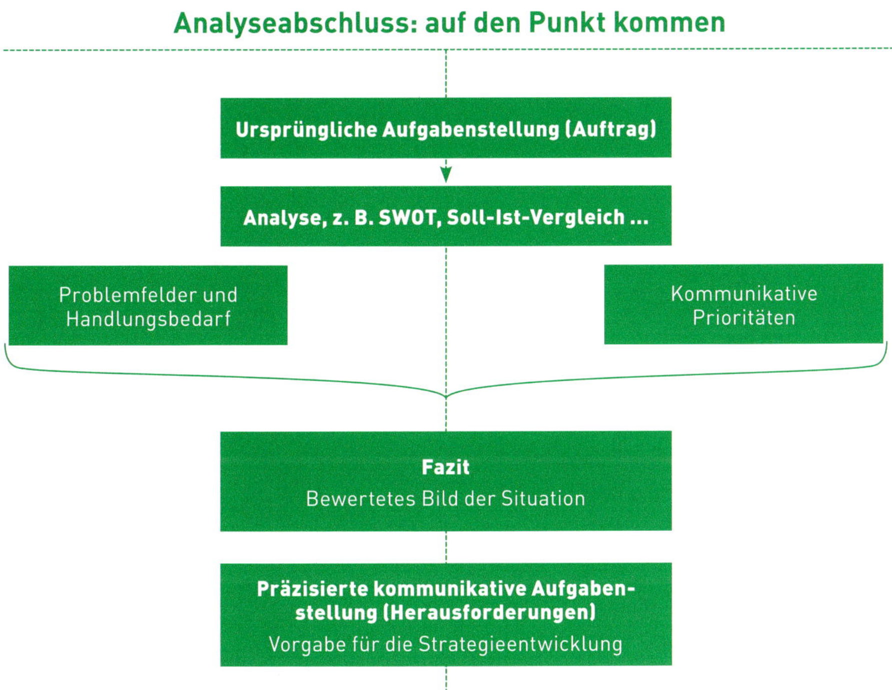

Abbildung 5: Der Analyseprozess

5.2 Daten-Spreu vom Weizen trennen: Fakten selektieren

Welche Fakten sind für die Lösung der Aufgabe „Neue Gartenzwerge" bedeutend, welche nicht? Die Garten & Schmuck GmbH hat eine Reihe von Materialien zusammengestellt, in der Absicht, ein möglichst umfassendes Verständnis vom Unternehmen zu vermitteln. Aus vielen dieser Informationen lassen sich aber keine Schlussfolgerung für die Gartenzwerg-Kommunikation ziehen. Also können sie aussortiert werden, so zum Beispiel:

- Bücher aus dem Eigenverlag über Garten- und Landschaftsbau,
- eine Unternehmenschronik, die auch die Expansionsschritte der vergangenen Jahrzehnte abbildet,
- eine Übersicht der Belegschaftszahlen und Geschäftsführungswechsel,
- Wettbewerbsanalysen für die Segmente Gartenerde und Gartenpflege,
- der aktuelle Sortimentskatalog, in dem die neuen Zwerge noch nicht vorkommen,
- eine Produktbroschüre zur aktuellen Gartenmöbelgeneration,

Analyse

Der griechische Begriff análysis bedeutet Auflösung, Zergliederung oder Untersuchung. Gemeint ist eine kritische und gründliche Auswertung unter Berücksichtigung relevanter Teilaspekte, die zunächst isoliert betrachtet und noch nicht interpretiert werden. Analytik ist an Logik gekoppelt. Die Fakten werden sprachlich und inhaltlich wertfrei dargestellt, persönliche Einstellungen oder Erfahrungen zurückgestellt. Quellen und Nachforschungen müssen die Gültigkeit von Annahmen belegen.

- die gedruckte Ausgabe der internen Zeitung „Garten-Post", die zweimal im Jahr erscheint und im Intranet auch als Downloadversion abrufbar ist.

Konzipieren heißt, immer mit einem leeren Schreibtisch zu beginnen und unvoreingenommen auf eine Situation zu schauen, auch wenn sich Aufträge scheinbar ähneln. Für jede kommunikative Aufgabenstellung gilt eine andere Faktenkonstellation. Bereits die Vorselektion führt bei jeder Aufgabe zu einem anderen Ergebnis. Das gilt auch dann, wenn sich Aufgaben scheinbar ähneln oder Organisationen gleichen. Informationen, die für die Kommunikation der Zwerge Relevanz entfalten, können in anderen Fäll vollkommen unbedeutend sein – und umgekehrt. Beispielsweise müssten für ein Konzept zur internen Kommunikation der Garten & Schmuck GmbH die Daten aus dem Intranet oder Informationen zur Führungskräftekommunikation berücksichtigt werden. Im Fall der Zwerge lassen sich aus diesen Medien kaum nutzbare Inhalte ziehen.

Beispiele für Behauptungen und vorzeitige Bewertungen:

- Die Gartenzwerge sind schön.
- Sie sind mal was anderes.
- Sie sind zu teuer.
- Sie sind zu günstig.
- Sie gefallen Leuten mit Schrebergarten bestimmt nicht.

Die SWOT-Analyse geht auf eine Publikation der Havard University in Cambridge aus dem Jahr 1965 zurück und wurde für die Analyse von Unternehmen entwickelt. Sie gilt als erstes Modell, das, neben den relevanten internen Faktoren über die Organisation selbst, auch eine Umfeldbetrachtung einbezieht. Seitdem sind eine ganze Reihe von Adaptionen entstanden. Einen Überblick gibt der Artikel von George Panagiotou.[1] Er empfiehlt bei besonders komplexen Ausgangslagen eine Untergliederung der in der SWOT-Analyse zu betrachtenden Felder nach Teilaspekten:

Cluster nach Teilaspekten und wertfreie Formulierung von Chancen

WETTBEWERB UND NACHFRAGE:

- **2019 gab es in der deutschsprachigen Bevölkerung ab 14 Jahre rund 36,2 Millionen Personen, die einen Garten besaßen oder zu deren Haushalt ein Garten gehörte.[2]**
- **Eine Million dieser Gärten sind Schrebergärten. Deutschland ist in Europa führend.[3]**
- **Das Zukunftsinstitut stellt in einem Trendbeitrag fest: „Die Zukunft ist ein Garten“. Das Interesse an Gärten boomt. Neben dem Trend zum Urban Gardening, also zu Gemeinschaftsgärten in der Stadt, wandelt sich das Kleingartenwesen und es gibt eine starke Tendenz zum Indoor-Gardening.[4]**
- **Die Zahl der Hersteller traditioneller Keramik-Gartenzwerge gegenüber anderen Varianten von Dekozwergen ist rückläufig.[5]**
- **Während Keramikhersteller auch Zwerge anbieten, gibt es keinen anderen Gartenartikelhersteller, der eine vergleichbare Figurenserie im Sortiment hat.**
- **Es gibt zahlreiche Dekofiguren, die in Farbgebung und Größe den Serienzwergen ähneln, nicht aber die charakteristischen Merkmale von Gartenzwergen aufweisen (z.B. rote Mütze).**

Cluster nach Teilaspekten und wertfreie Formulierung von Risiken

WETTBEWERB UND NACHFRAGE:

- Es gibt in Deutschland rund 900.000 Kleingärten, die überwiegend traditionell bewirtschaftet werden, und rund 5 Millionen Nutzer*innen.[6]
- Eine Studie des Schrebergarten-Verbandes bestätigt: 95 Prozent der traditionellen Gruppe lehnen Veränderungen ab. Zu ihrem Selbstbild gehören Beständigkeit und der herkömmliche, kleine Keramikzwerg, der nach eigenen Aussagen im Garten eine Schutzfunktion übernimmt. Fazit: Andere Zwerge kommen weniger in Frage.
- Die „Traditionsbewussten" sind überwiegend älter als 50. Durch ihre Accessoires (Skateboard etc.) und Gestaltung verkörpern die Zwerge jedoch die Interessen und den Lebensstil einer jüngeren Zielgruppe.
- Gartenzwerge werden ausschließlich von Menschen gekauft, die selbst Gärten besitzen.
- 14- bis 18-Jährige, die sich mit den Zwergen und ihren Outfits identifizieren würden, haben zwar Gartenzugang, leben aber noch bei den Eltern.[7] Die Anschaffung von Gartenaccessoires hängt (überwiegend) von den Dekorationsvorzügen der Elterngeneration ab. Fazit: Eine hohe Nachfrage ist auch für dieses Segment eher unwahrscheinlich.
- Die neuen Zwerge schränken durch ihr Erscheinungsbild und ihre Beschaffenheit auch die Anschlussfähigkeit an weite Teile der boomenden Gartengemeinde ein. Eine Analyse der Universität Potsdam verdeutlicht: In deutschen Großstädten gibt es einen Schrebergärten-Boom. Die neuen Pächter*innen sind zu einem Drittel jünger als 50 und legen Wert auf Anarchie. Eine Sehnsucht nach dem Land, die gleichzeitig an den Wunsch nach individueller Entfaltung im Urbanen gekoppelt ist, verbindet sie. Sie suchen nach Authentizität, aber auch nach neuer Gemeinschaft in der digitalen Welt sowie nach Gestaltungsmöglichkeiten und Selbstverwirklichung. Der Garten ist Prestigeobjekt. Architektur und Design spielen eine herausragende Rolle. 45 Prozent der „Neuen" haben Abitur und Fachhochschulreife.[8] Sie legen Wert auf Umweltschutz und natürliche Materialien. Fazit: Sie kommen als Zielgruppe für Gartenzwerge aus Kunststoff mit

Häufige Cluster nach Teilsapekten

Intern (Stärken und Schwächen):

- Historie und Bedeutung,
- Bekanntheit und Akzeptanz,
- Produkte und Themen,
- Innovationsgrad,
- Status interne Kommunikation,
- Status externe Kommunikation,
- Beziehungen und Netzwerke,
- finanzielle Ressourcen,
- personelle Ressourcen.

Extern (Chancen und Risiken):

- Wettbewerb und Nachfrage,
- gesellschaftliche Trends und Bedürfnisse,
- gesellschaftspolitische Lage,
- technische Entwicklungen,
- wirtschaftliche Lage,
- gesetzliche Lage/rechtlicher Rahmen,
- Kommunikationsstatus und Präsenz in den Medien.

goldenen Handys und royalblauen Radlerhosen nicht in Frage.

- **Der (Indoor-)Gartenboom in Großstädten ist überwiegend an „Hipster“ gekoppelt, die, dem eigenen Selbstverständnis nach, Szenebewusstsein haben und den Wunsch, sich vom Mainstream abzuheben. Humoristische Adaptionen von Gartenzwergen hat es in der Vergangenheit schon häufig gegeben (Fußballzwerge etc.). Fazit: Die Zwerge der Garten & Schmuck GmbH können den Wunsch nach Extravaganz einer avantgardistischen Subkultur-Szene nicht bedienen.**
- **Es gibt in Deutschland 6,26 Millionen Menschen im Alter von 18 bis 24 Jahren.[9] Davon leben bundesweit 62 % noch bei den Eltern. Niedriger sind die Werte in Bremen (49 %), Hamburg (49 %), Berlin (45 %), Sachsen (43 %), Mecklenburg-Vorpommern (47 %) und Sachsen-Anhalt (48 %). In Bayern, Baden-Württemberg und dem Saarland ziehen junge Erwachsene überdurchschnittlich spät aus.[10] Personen zwischen 18 und 24 Jahren, die Hipster sind und sich am wenigsten mit den neuen Zwergen identifizieren würden, wohnen ausschließlich in Großstädten.**
- **Junge Menschen, die nicht Hipster sind und in einer eigenen Wohnung zur Miete leben, verfügen am wenigsten häufig über eigene Gärten. Sie haben in der Regel noch keine Familie gegründet.**

5.3 Anarchie in der Parzelle: Die Rolle von Annahmen und Behauptungen

Der Fall der Zwerge zeigt (im Ausschnitt), dass Konzepte immer ein faktenbasiertes Fundament haben. Annahmen und Behauptungen kommt im Denkprozess dennoch eine wichtige Funktion zu: Sie können als (provokante) Thesen dazu beitragen, einzelnen Fragen überhaupt erst nachzugehen, um sie im Anschluss durch Quellen zu objektivieren. Als intuitive Aussagen können sie eine Wahrheit zutage befördern (Heuristik). Die Behauptungen: „Bestimmt lehnen klassische Schrebergärtner*innen die Zwerge ab" oder: „Es gibt doch einen Schrebergarten-Boom. Damit nimmt ja automatisch auch die Zahl der Interessierten für die neuen Zwerge zu", lassen sich durch Nachforschungen bestätigen oder widerlegen und in objektive Aussagen überführen. Welche Interessen und Gewohnheiten haben klassische Kleingärtner*innen? Warum gehören Gartenzwerge zu Schrebergärten? Haben jüngere Leute Kleingärten und Interesse an Zwergen in Schulhof-Outfits? Was ist mit „junge Leute" überhaupt gemeint? Antworten darauf geben zum Beispiel Studien oder Medienrecherchen (siehe Kapitel 4.3).

Exkurs: Heuristik: Weg zu belegbaren Aussagen

Der Begriff Heuristik entspringt dem griechischen Ausdruck für „auffinden". Heuristik ist ein analytischer Weg, um mit bewusst eingeschränktem Wissen und wenig Zeit zu Erkenntnissen zu gelangen und wird eigenständig oder in Ergänzung zur Logik eingesetzt. René Descartes (1596–1650) spricht vom Vermögen der Intuition, mit dessen Hilfe Menschen die Wahrheit in einfachen Aussagen erfassen können.[11] Die Heuristik wird auf vielen wissenschaftlichen Gebieten (zum Beispiel in der Informatik, Mathematik, Philosophie) angewendet. In der Kommunikationspsychologie dient sie unter anderem der Beschreibung von Bewertungsfehlern: Repräsentativitätsheuristik erklärt das Phänomen, stereotype Wahrnehmungen aus der eigenen Erfahrung ohne weitere bewusste Überprüfung auf andere Personen beziehungsweise neue Situationen zu übertragen. Unter Verfügbarkeitsheuristik wird die Verschiebung von Relationen in der Wahrnehmung verstanden: Ein Ereignis wird als besonders groß und bedeutend angesehen, weil es eine hohe Medienpräsenz hat oder häufig in den eigenen Netzwerken erscheint. Für die Konzeption ist die Heuristik deshalb von großer Bedeutung, weil Konzepte in der Regel in kurzen Zeiträumen entstehen und der Weg zu einer belegbaren Aussage häufig mit Annahmen beginnt. Der Psychologe und Nobelpreisträger Daniel Kahneman[12] hat für diesen Prozess das Akronym WYSIATI geprägt: What you see is all there is. Er beschreibt, dass das Unterbewusstsein (oder das Unwillkürliche) aus wenigen Informationen eine für uns plausible Geschichte konstruiert und dem Bewusstsein präsentiert. Kahnemann unterscheidet nach den Systemen 1 und 2, die er schnelles Denken und langsames Denken nennt. Die WYSIATI-Regel ist für die Bewältigung des Lebens sehr wichtig, da Menschen in den meisten Alltagssituation keine Zeit für ausführliche Analysen haben. Im Gegenteil: Es ist eine in unserem Reptilienhirn angelegte Fähigkeit, Situationen intuitiv nach Gefahren oder Nicht-Gefahren unterscheiden zu können. Gleichzeitig kann diese Fähigkeit aber auch in die Irre führen, wenn System 2 nicht übernimmt und weiterarbeitet. In der Analysephase von Kommunikationskonzepten ist System 2, das langsame Denken, aufgefordert, mit wissenschaftlicher Distanz und Präzision den ersten

Eindruck von System 1 zu hinterfragen. Die Provokationstechnik ist eine Methode, mit der System 1 bewusst zu Annahmen herausgefordert wird, aus denen sich dann der unmittelbare Auftrag für System 2 ergibt.

5.4 Vier-Felder-Wirtschaft: Der Aufbau der SWOT-Analyse

Die SWOT-Analyse hat eine Matrixstruktur. Sie ist in vier Felder gegliedert und gibt damit einen einfachen und schnellen Überblick über die Situation. Stärken und Schwächen beziehen sich auf den internen Ist-Zustand und thematisieren – je nach Aufgabe – das Produkt, die Organisation oder einen ihrer Teilbereiche, können sich aber auch auf jede andere potenzielle kommunikative Aufgabenstellung aus dem Unternehmen beziehen: eine Aktion (z.B. Jubiläumsaktion der Garten & Schmuck GmbH) oder eine Initiative (z.B. Charity-Initiative). Im Fall der neuen Zwerge werden unter Stärken und Schwächen die Zwerge selbst und Teilbereiche des Unternehmens betrachtet. Welche Eigenschaften der neuen Produkte und des Unternehmens sind für die Lösung der Aufgabe von Vor- oder Nachteil?

Die Provokationstechnik: Erste Hilfe gegen Betriebsblindheit

Edward de Bono[13] hat diese Kreativmethode eingeführt, um bestehende Annahmen und Sichtweisen mit Hilfe von Provokationen in Frage zu stellen und alte Denkgewohnheiten zu durchbrechen. Es geht nicht um Wahr oder Falsch. Der Nutzen von (mentalen) Provokationen liegt darin, Möglichkeiten in Betracht zu ziehen, die zunächst weniger plausibel erscheinen, weil sie der Erfahrung widersprechen. Provokationsmöglichkeiten sind vielfältig. Sie reichen von der kompletten Umkehrung („Ameisen sind das Größte", „Unkraut ist traumhaft" etc.) bis zur Übertreibung („Alle Hipster werden sich auf die Zwerge stürzen", „Maulwürfe verwandeln Gärten in Mondlandschaften.") und Verfälschung („Gartenlauben können sprechen."). In der Analysephase kann die Technik dazu beitragen, auf besondere Fragen zur Situation zu kommen und ihnen nachzugehen oder abwegig erscheinende Annahmen ernst zu nehmen. Auch in der Wissenschaft wird mit provokanten Fragen gearbeitet. Die Albert Einstein zugeschriebene Frage: „Kann ich auf einer Lichtwelle reiten?" führte zur kompletten Abkehr von einem alten Raum-Zeit-Verständnis, demzufolge eine Lichtwelle immer mit Lichtgeschwindigkeit vorne liegt.

Was zeichnet die Zwerge aus? Welche besonderen Erfahrungen und Ressourcen sind im Unternehmen vorhanden, die für die Lösung dieser Aufgabenstellung nützlich sind? Welche internen Hemmnisse gibt es in Bezug auf die Zwerge?

Chancen und Risiken beziehen sich auf die aktuellen Umfeldbedingungen von Organisation und Auftrag. Themen und Tatsachen, die sich dort finden, wie Einstellungen der unterschiedlichen Schrebergarten-Gruppen oder die oben skizzierte Wohn- und Lebenssituation junger Menschen bis 24 Jahre, können sich später positiv oder negativ auf das geplante Vorhaben auswirken (Faktenverschränkung). Chancen und Risiken zeigen also das kommunikative Potenzial auf. Sie erlauben, frühzeitig die für die Kommunikation aussichtsreichen Felder zu identifizieren, lassen aber auch riskante Bedingungen erkennen: Auf welche positiven und negativen Bedürfnisse und Trends stößt das Vorhaben? Wo liegt Angriffspotenzial? Die Selektion der Umfeldfaktoren richtet sich, wie bei den Stärken und Schwächen, nach der Relevanz für die Aufgabestellung. Die Begriffe Chancen und Risiken verführen dazu, in der SWOT-Analyse bereits Zukunftsaussagen zu treffen. Strategische Empfehlungen für die Zukunft folgen aber erst zu einem späteren Zeitpunkt im Konzept. Die Analyse ist eine reine Ist-Betrachtung. Wer sich trotzdem dazu verleiten lässt, schon in die Zukunft zu denken, kann auch mit den Begriffen „Möglichkeiten und Hindernisse" arbeiten.

Die Suche nach dem inneren Kreis

Während es im Fall des Gartenzwergs schnell einleuchtet, dass das Unternehmen selbst und seine Zwerg-Prototypen den inneren Kreis der Stärken und Schwächen abstecken, ist die Abgrenzung im Fall der Satzungsänderung nicht sofort ersichtlich (s. Seite 97). Was ist

Die SWOT-Matrix

Blick nach innen	**Stärken** **S**trengths positive und für die Kommunikation nutzbare oder förderliche Faktoren aus dem Kontext der beauftragenden Organisation , ihrer Produkte / Dienstleistungen sowie des kommunikativen Status	**Schwächen** **W**eaknesses negative und für die Kommunikation schwierige oder hinderliche Faktoren aus dem Kontext der beauftragenden Organisation , ihrer Produkte / Dienstleistungen sowie des kommunikativen Status
Blick nach außen	**Chancen** **O**pportunities förderliche Faktoren (soziale, gesellschaftliche, ökonomische, rechtliche, politische und technologische) aus dem kommunikativen Umfeld des Auftrags, die Potenziale für die Kommunikation erkennen lassen	**Risiken** **T**hreats hinderliche Faktoren (soziale, gesellschaftliche, ökonomische, rechtliche, politische und technologische) aus dem kommunikativen Umfeld des Auftrags, die mögliche Risiken für die Kommunikation erkennen lassen

Abbildung 6: Die SWOT-Analyse

innen, was außen? Was sind Stärken und Schwächen, was Chancen und Risiken? Befinden sich nicht alle in der gleichen Anlage und damit innen? Für die SWOT-Analyse gilt:

Aus der Vogelperspektive betrachtet, gliedert sich die Welt in einen inneren und einen äußeren Kreis der Betrachtung. Es gibt in jedem Konzeptionsfall einen Mikrokosmos und einen Makrokosmos. Im Heckenfall ist der Mikrokosmos die Initiative mit ihrem versäumten Antrag, ihren beliebten oder unbeliebten Mitgliedern, ihren Flugblättern und Forderungen, während Chancen wie Pächter*innen mit neuen Ansichten oder Risiken wie alte Argumente und viel Gerede die Umfeldsituation prägen.

Die Clusterung der Fakten innerhalb der vier Felder unterstützt ein systematisches Vorgehen. Unnötige Wiederholungen lassen sich vermeiden. Die Vollständigkeit der Fakten ist einfach zu überprüfen. In die Analysephase sind üblicherweise mehrere Personen involviert, deren unterschiedliche Expertisen einfließen. Die Aufbereitung nach Stärken, Schwächen, Chancen und Risiken gibt ihnen in der Diskussion einen bestmöglichen Überblick über den Stand und diszipliniert dazu, Fakten begründet einzuordnen. Eine SWOT-Analyse ist deshalb auch als Moderationsinstrument gut geeignet, um Sachlagen und Meinungsbilder in Gruppen zu klären. Fakten können sowohl Schwächen als auch Stärken, sowohl Chancen als auch Risiken darstellen. In diesem Fall werden sie in beiden Feldern vermerkt, aber mit unterschiedlichen Begründungen hinterlegt.

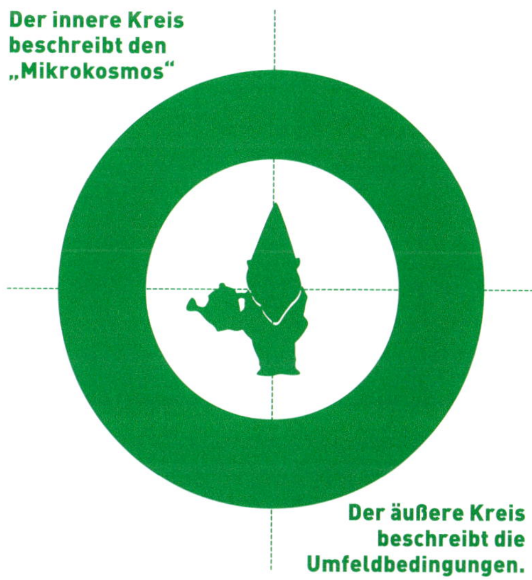

Abbildung 7: Zwei Perspektiven auf die Welt der Zwerge

Beispiele:

- Stärke: Die Zwerge sind 1,20 Meter groß. Kleidung, Accessoires, Farbgebung und Größe erzeugen Aufmerksamkeit.
- Stärke: Alle vier Zwerge tragen rote Mützen und haben eine deutliche Gartenzwergphysiognomie. Das unterscheidet sie von anderen Dekofiguren.
- Schwäche: Kleidung, Accessoires, Größe und Material (Kunststoff) der Gartenzwerge weichen stark von der Gestaltung traditioneller Gartenzwerge ab. Sie fügen sich weder in das Bild des traditionellen Schrebergartens ein, noch in die Welt der neuen Schrebergartengeneration.
- Schwäche: Die Schulhof-Outfits der Zwerge (Tanktop, Flipflops, Skateboard, Einkaufsrucksack etc.) sind eher einer jungen Zielgruppe zuzuordnen, die die Garten & Schmuck GmbH derzeit nicht bedient.

5.5 Blick über den Zaun und zurück: innen und außen verschränken

Das Vorgehen beim Aufbau der SWOT-Analyse ist dynamisch. Es werden nicht zuerst alle Stärken „abgearbeitet" und erst im Anschluss

Höhere Hecke: Change in der Kleingartensatzung

Im Bundeskleingartengesetz (BKleingG) ist genau festgelegt, wann ein Garten ein Kleingarten ist. Er muss mit anderen Gärten und gemeinschaftlichen Einrichtungen in einer Anlage liegen. Arbeitsstunden auf den Gemeinschaftsflächen sind Vorschrift. Eine gewerbsmäßige Nutzung ist verboten. Die weiteren Rechte und Pflichten für das Zusammenleben bestimmt jeder Verein selbst in seiner Verordnung oder Satzung: Öffnungs- und Ruhezeiten, die erlaubte Heckenhöhe, das Verhältnis von Nutz- zu Zierpflanzen und Erholungsflächen sowie Haustierver- und -gebote.

Wir nehmen an: In einer Kleingartenanlage hat sich eine Initiative von zehn Personen zusammengefunden, um höhere Hecken zwischen den Gärten und zu den Spazierwegen zu fordern. Sie fühlen sich beobachtet. Bislang sind 1,25 Meter Heckenhöhe erlaubt. Der Gruppe ist das zu niedrig. Zu ihr zählt eines der engagiertesten Paare der Anlage, das gerade für die meisten Arbeitsstunden im Vereinsheim geehrt wurde; außerdem ein Elektriker und eine Tischlerin, deren Fachwissen die anderen in der Kolonie gern nutzen. Die Hecke ist das historische Streitobjekt. Vor fünf Jahren war zuletzt ein Antrag auf Heckenerhöhung gescheitert. Begründung der Mitglieder: Die Kolonie ist schließlich ein Erholungsgebiet. Da sollte Leuten beim Spazierengehen nicht durch meterhohe Hecken der Weitblick geraubt werden. Jetzt aber waren viele neue Pächter*innen dazugekommen, die die Satzung ohnehin zu spießig fanden. Soll doch jeder seine Hecke stutzen oder wuchern lassen wie gewünscht. Der erste Antrag der Gruppe kam zu spät. Die Einladung an die Mitglieder war gerade rausgegangen und es gab keine Chance mehr, auf die Tagesordnung zu kommen. Beim nächsten Mal sollte es aber klappen! Inzwischen hatte sich in der Anlage nur leider herumgesprochen, dass etwas in Richtung Hecke geplant war. Einige waren unruhig geworden. Es gab Gerede. Jetzt will die Initiative auf Flugblättern ihre Forderung begründen und dabei auch das zunehmende Sicherheitsbedürfnis thematisieren …

die folgenden Felder. Vielmehr geht es um einen Abgleich von innen und außen, bei dem eine Aussage eine andere bedingt. Fakten, die unter Risiken eingeordnet sind, beeinflussen die Ordnung der Stärken und Schwächen – und umgekehrt (siehe Abbildung 8).

Die Pfeile in der Grafik auf Seite 96 verdeutlichen die Denkrichtungen: Der Abgleich des Wettbewerbs mit dem Aussehen der Zwerge führt zu der Schlussfolgerung, dass die Kombination der Eigenschaften besonders ist. Aus den Risiken wird ersichtlich, dass sowohl der klassische als auch der neue, hippe (Schreber-)Garten als Standort für den Gartenzwerg ausscheiden. Nur deshalb ist der klassische Gartenvertrieb in diesem Konzept eine Schwäche. Obwohl es (Chance) einen Indoor-Gardening-Boom gibt, ist dieser noch nicht im Mainstream angekommen (Risiko). Der Blick auf die Garten & Schmuck GmbH zeigt, dass sie (Schwäche) noch keine Erfahrung in der Ansprache einer 18- bis 24-jährigen Mainstream-Zielgruppe hat. Ihre Kommunikation ist zwar (Stärke) gut aufgestellt, aber (Schwäche) eben nicht für diese Gruppe. Außerdem gibt es auch auf der Vertriebsseite einen Engpass: Eine Online-Handelsplattform fehlt.

Nugget-Frames für die SWOT-Analyse

Dieses Instrument ist geeignet, um in Gruppen zu diskutieren, welche Aspekte der gemeinsam erarbeiteten SWOT-Analyse besondere Relevanz für die Kommunikationsaufgabe haben.

- **Zunächst eine SWOT-Analyse an der Pinnwand mit Kärtchen oder Klebezetteln erarbeiten.**
- **Dann je Person einen DIN-A 4-Papierrahmen ausschneiden.**
- **Jede Person sucht einen Aspekt in der SWOT-Analyse aus, den sie für besonders wichtig hält, und befestigt den eigenen Rahmen darum.**
- **Reihum wird begründet, warum die gewählten Aspekte so bedeutend sind.**
- **Anstelle von Rahmen können auch Punkte vergeben werden o.ä.**

Die Ordnung der Fakten und ihre Beziehung:

Stärken

- Die Kombination aus Größe, Material, Outfits und Accessoires der Zwerge ist besonders. Sie sind auffällig und haben noch erkennbare Merkmale von Gartenzwergen.
- Die Garten & Schmuck GmbH steht aufgrund ihrer Tradition glaubwürdig für das Thema Gartenzwerg.
- Die Kommunikation ist grundsätzlich gut aufgestellt: Viele Kommunikationskanäle des klassischen Marketings und der Verkaufsförderung sind erschlossen.

Chancen

- Es gibt keinen anderen Gartenartikelhersteller mit einer vergleichbaren Serie.
- Es gibt einen neuen Trend zum Indoor-Gardening.
- „Dekorieren und Dekofiguren" haben Konjunktur.
- Im Garten haben traditionelle Zwerge eine Schutzfunktion.

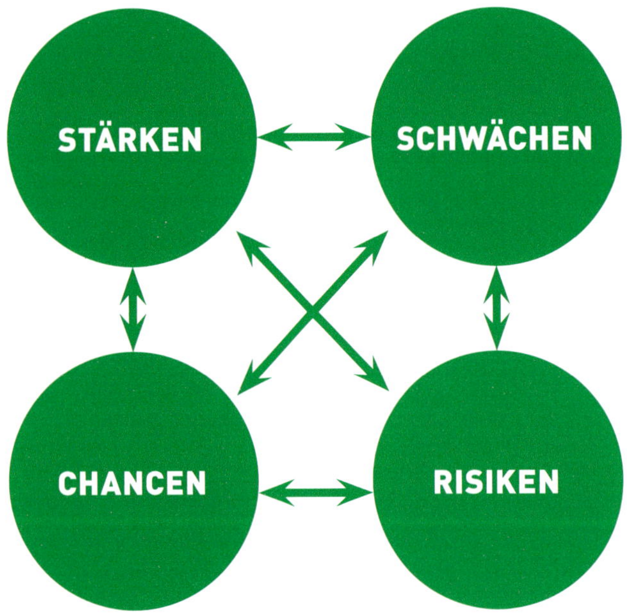

Abbildung 8: Eine SWOT-Analyse für die Zwerge

Schwächen

- Der Vertrieb ist ausschließlich auf klassische Außengärten und eine erfahrene Zielgruppe ausgerichtet, die eine umfassende Gartenausstattung benötigt und auf fundierte Beratung Wert legt.
- Für dieses stetige Segment ist auch die Kommunikation aufgestellt. Die Garten & Schmuck GmbH hat noch nie ein jüngeres Publikum von Nicht-Garteninteressierten adressiert.
- Es gibt noch keine Online-Handelsplattform.

Risiken

- Traditionelle Schrebergärtner*innen sind zu 95 Prozent an traditionellen Keramikzwergen interessiert und können sich mit den neuen Zwergen nicht identifizieren.
- Der Trend zum Indoor-Gardening ist noch nicht im Mainstream angekommen.
- Die neue urbane und boomende Schrebergartengeneration ist überwiegend 35 bis 50 Jahre alt und weder an konventionellen Zwergen noch an Zwergen aus PVC, wie denjenigen der neuen Serie, interessiert.
- Jüngere Menschen zwischen 18 und 24 Jahren, die PVC-Zwerge mit Schulhof-Outfits kaufen würden, wohnen häufig noch zu Hause oder haben eigene Wohnungen ohne Gärten.
- Im Dekorationssektor gibt es einen um ein Vielfaches größeren Wettbewerb als im eher kleinen und weiter rückläufigen Keramik-Gartenzwergsegment.

5.6 Reif oder überreif: Vielfalt der Analysemethoden

Die SWOT-Analyse mit der Gegenüberstellung von innen und außen ist ein bewährtes Instrument. Das Repertoire der Analyseinstrumente ist aber vielfältiger. Erkenntnisinteresse und Aufgabeschwerpunkt leiten die Auswahl:

- Der **Soll-Ist-Vergleich** ist sehr gut geeignet, um den Entwicklungsbedarf und damit die Lücke zwischen dem derzeitigen und dem gewünschten Zustand zu beschreiben.
- Eine **Stakeholder-Analyse** dient dazu, sich einen aussagekräftigen Überblick über die Interessen und Erwartungen in den Meinungsmärkten zu verschaffen.
- Eine **Ursache-Wirkungs-Analyse** kann richtig sein, wenn es darum geht, die Wurzel hartnäckiger Kommunikationsprobleme zu erkennen.
- Eine **Zielbildanalyse** ist dann hilfreich, wenn sich der Kommunikationsbedarf aus einem klar vorgegebenen Ziel ergibt.

Denkanstoß: Bio-Kiste

Skizzieren und sortieren Sie einige Punkte aus der nachfolgend beschriebenen Situation nach dem SWOT-Verfahren. Achten Sie darauf, welche Annahmen Sie intuitiv haben (Heuristiken), und versuchen Sie diese mit belegbaren Argumenten und Quellen zu versehen, um sie zunächst in Fakten zu überführen.

Die Situation: Ein Start-up-Unternehmen verschickt Kisten mit Bio-Obst und -Gemüse aus der Region. Die Kartons werden im Abonnement wöchentlich mit der Paketpost geliefert. Rezepte liegen bei. Damit der Inhalt unbeschadet ankommt, sind die Früchte zusätzlich in Packpapier gewickelt, in Pappmanschetten gesteckt und mit zerknülltem Papier bedeckt. Was in die Kisten hineinkommt, wird vom Unternehmen, je nach Ernte und Verfügbarkeit, einen Tag vor Versand entschieden und angekündigt. Das Start-up besteht seit einem Jahr und nutzt für seine Kommunikation ausschließlich die sozialen Medien. Nach der ersten Probekiste, die zum halben Preis erhältlich ist, besteht die Möglichkeit zu einem halbjährlichen oder jährlichen Abonnement.

Der Soll-Ist-Vergleich: Die Lücke bewerten

Der Soll-Ist-Vergleich stellt nicht außen und innen gegenüber, sondern die aktuelle Situation und den gewünschten Zustand. Der formulierte Sollzustand erleichtert später den Übergang zu den Kommunikationszielen. Im Analyseteil gibt er zunächst nur die Richtung und die erwünschten Veränderungen wieder. Wie realistisch diese Vorstellungen sind, wird erst im strategischen Teil geklärt. Im Soll-Zustand finden sich neben kommunikativen Veränderungswünschen auch fest fixierte Unternehmensziele. Die Abweichung zwischen Ist und Soll (– = niedrig, + = hoch) zeigt auf, wie groß die Anstrengungen aus kommunikativer Sicht sein müssen, um die Lücken zu schließen. Dieser Grad der Abweichung gibt einen ersten Hinweis auf den späteren strategischen Fokus.

Beispiele:

- Ist-Zustand

Der Bekanntheitsgrad der Zwerge liegt bei null.

- Soll-Zustand (+++)

Der Bekanntheitsgrad der Zwerge liegt im ersten Jahr bei 20 Prozent.

- Ist-Zustand

Die Kommunikation der Garten & Schmuck GmbH ist nicht auf ein jüngeres Publikum von Nicht-Garteninteressierten eingestellt, die eher dem Mainstream zuzuordnen sind.

- Soll-Zustand (+++)

Der Aufbau einer parallelen Kommunikationslinie für die Gartenzwerge gelingt und wird von der Zielgruppe angenommen, ohne dass der Kontakt zur Bestandskundschaft beeinträchtigt wird.

In einer Tabelle werden eine Reihe solcher Aspekte gegenübergestellt. Eine zweite Bewertungskategorie sagt aus, wie relevant die einzelnen Aspekte für den Auftrag sind. Auch hier lässt sich mit einer Skala von + bis +++ das Bild schärfen. „Low hanging fruits" sind früh erkennbar. Für komplexe Aspekte mit hoher Priorität werden deutlich mehr Anstrengung und Zeit erforderlich sein.

Ziel der Analyse ist, die kommunikativen Herausforderungen klar zu benennen. Sie mündet in eine präzisierte Aufgabenstellung, die den Übergang zur (Kommunikations-)Lösung bildet.

5.7 Äpfel statt Birnen: Die neue kommunikative Aufgabenstellung

Durch die abschließende Verschränkung der Fakten entsteht am Schluss der Analyse ein bewertetes Bild der Situation. Dieses Fazit mündet in die neue, kommunikative Aufgabenstellung:

- Weder die traditionellen Kleingärtner*innen noch die neue boomende Schrebergarten-Generation würden die Zwerge der Garten & Schmuck GmbH kaufen.
- Die Gruppe mit dem größten Interesse an den neuen Zwergen hat zum Teil bereits eigene Wohnungen und Gestaltungsfreiraum, überwiegend aber keine Gärten.
- Die neuen Zwerge können deshalb keine „Garten-Zwerge" sein.
- Vergleichbare Dekofiguren stehen im Haus und nicht im Garten.
- Es gibt einen Trend zum Indoor-Gardening, der aber im Mainstream noch nicht angekommen ist.

Die Erkenntnisse aus der Analyse sind das gedankliche Sprungbrett in die Strategiefindungsphase und liefern dafür die wesentlichen Argumente. Fazit und kommunikative Aufgabenstellung haben aber noch einen zusätzlichen Nutzen. Oft ist die Zeit für die Präsentation von Konzepten stark limitiert. Auch die Bereitschaft, lange Analysen anzuhören, ist dann nicht immer vorhanden. In diesen Fällen ist es möglich, von der Wiedergabe des ursprünglichen Auftrags direkt zum Fazit der Analyse und zur kommunikativen Aufgabe überzuleiten. Wünscht jemand genauer zu erfahren, worauf die Schlussfolgerungen beruhen, ist es möglich, im Anschluss gemeinsam einen Blick auf die SWOT-Analyse zu werfen.

Die neue Aufgabenstellung für die Gartenzwerge heißt:

Wir müssen das Interesse an einer neuen Gartenzwergserie kommunikativ unterstützen, die nicht mehr die Vermarktungsvoraussetzungen für traditionelle Gartenzwerge erfüllt. Die besondere Herausforderung besteht darin, eine Käuferzielgruppe zu erreichen, die bisher keine Affinität zu Gartenzwergen hatte und auch keine Gärten besitzt.

Leseempfehlungen

Panagiotou, George. „Bringing SWOT into Focus". Business Strategy Review 14, Nr. 2 (Juni 2003): 8–10.

Kahneman, Daniel, Schmidt, Thorsten. Schnelles Denken, langsames Denken. München: E-Book, Random House GmbH, 2012.

De Bono, Edward. Serious creativity: die Entwicklung neuer Ideen durch die Kraft lateralen Denkens. Stuttgart: Schäffer-Poeschel, 1996.

Anmerkungen

1 Vgl. Panagiotou, George. „Bringing SWOT into Focus". Business Strategy Review 14, Nr. 2 (Juni 2003): 8–10.

2 Vgl. Anzahl der Personen in Deutschland, die einen Balkon oder eine Terrasse besitzen, von 2016 bis 2019. Zitiert nach de.statista.com. https://de.statista.com/statistik/daten/studie/171446/umfrage/besitz-eines-gartens/ [17.07.2020].

3 Vgl. Welt in Zahlen – Garten. https://www.daserste.de/information/wissen-kultur/w-wie-wissen/sendung/2010/welt-in-zahlen-garten-100.html [17.07.2020].

4 Die Zukunft ist ein Garten. 2019. https://www.zukunftsinstitut.de/artikel/wohnen/die-zukunft-ist-ein-garten/ [17.07.2020].

5 Vgl. Der Gartenzwerg blick in ungewisse Zukunft, in: Bild Online. 16.05.2016. https://www.bild.de/lifestyle/haus-garten/gartenzwerg/gartenzwerge-45837448.bild.html [17.07.2020].

6 Vgl. Bundesverband deutscher Gartenfreunde, Zahlen und Fakten, in: https://www.kleingarten-bund.de/de/bundesverband/zahlen-und-fakten/ [17.07.2020].

7 Vgl. Besitz eines Kleingartens, zitiert nach de.statista.com, in: https://de.statista.com/statistik/daten/studie/171446/umfrage/besitz-eines-gartens/ [17.07.2020].

8 Vgl. Priezel, Anne. Die neue Blüte des kleinen Grüns. Analyse des aktuellen Schrebergartenbooms in deutschen Großstädten. 2019, in: https://www.uni-potsdam.de/de/romanistik-kimminich/kif/kif-analysen/schrebergaerten.html [17.07.2020].

9 Vgl. zitiert nach de.statista.com, in: https://de.statista.com/statistik/daten/studie/1365/umfrage/bevoelkerung-deutschlands-nach-altersgruppen/ [17.07.2020]

10 Vgl.Kaiser, Tobias. Hier wohnen die meisten Nesthocker, 06.12.2016. in: Welt Online, https://www.welt.de/wirtschaft/article160004434/Hier-wohnen-die-meisten-jungen-Nesthocker.html [17.07.2020]

11 Vgl. Descartes, René, und Holger Ostwald. 2012. Discours de la méthode pour bien conduire sa raison et chercher la vérité dans les sciences: französisch/deutsch = Bericht über die Methode, die Vernunft richtig zu führen und die Wahrheit in den Wissenschaften zu erforschen. Nachdr. Reclams Universal-Bibliothek, Nr. 18100. Stuttgart: Reclam.

12 Kahneman, Daniel, Schmidt, Thorsten. Schnelles Denken, langsames Denken. München: E-Books der Verlagsgruppe Random House GmbH, 2012: 111 f.

13 Vgl. De Bono, Edward. Serious creativity: die Entwicklung neuer Ideen durch die Kraft lateralen Denkens. Stuttgart: Schäffer-Poeschel, 1996: 137 ff.

KAPITEL 6

Zwerge ohne Zweifel: Kommunikations-*ziele* setzen

Ziele setzen heißt vom Ende her denken. Nach der Auftragspräzision in Kapitel 5 geht es jetzt darum, genau festzulegen, was die Kommunikation erreichen soll. Ziele beschreiben den geplanten Endpunkt eines Prozesses. Sie haben den Charakter einer Vorgabe und dienen dazu, das Handeln akkurat auszurichten und im Umsetzungsprozess zu kontrollieren. Sie ermöglichen eine exakte Bewertung der Kommunikationsarbeit.

6.1 Kleiner Garten, großer Ertrag? Erwartungen managen

Ziele haben nicht nur eine Kontrollfunktion. Im Kontext von Strategieentwicklung haben sie zunächst die Aufgabe, Erwartungen an den Erfolg des Kommunikationskonzepts diskutierbar zu machen. Gerade weil sie die Benchmark für den Erfolg vorgeben, sollten alle Beteiligten am Ende der Diskussion eine gemeinsame Vorstellung davon haben, was der Kommunikationsprozess erreichen kann – und was eben auch nicht.

Ziele setzen ist aktives Erwartungsmanagement. Zusätzlich wird hier die Grundlage für die spätere Auswertung, die Evaluation der Umsetzung, gelegt. Vage Formulierungen wie „Bekanntheit steigern", „Motivation erhöhen" oder „Mehr Traffic auf dem Instagram-Kanal" sind keine Ziele, weil unklar bleibt, woran der Erfolg sich bemisst. Was ist Erfolg? Präzise Kennzahlen und eine Gliederung nach Phasen, die festlegen, was bis wann in Bezug auf welche Zielgruppen oder Teilaufgaben erreicht werden soll, geben die Antwort. Organisationen, die Zahlen als Messgrößen zugrunde legen, wissen worauf sich die Zufriedenheit am Arbeitsplatz, die Response-Quote bei Aktionen oder die Medienresonanz beziehen. Unkonkrete Ziele lassen solche Rückschlüsse nicht zu.

Ziele müssen messbar und realistisch sein. Aufgaben, Vermutungen, Wünsche und Wunder sind keine Ziele. Auch der Weg ist im Konzept definitiv nicht das Ziel.

Manchmal gehen die Erwartungen weit auseinander. Mag sein, dass eine zu ambitionierte oder optimistische Perspektive vorherrscht oder die Marktbedingungen einen überdurchschnittlichen Erfolg „diktieren": „Die Partei muss die 5-Prozent-Hürde erreichen.", „Der Verband kann nur mit einem politischen Etappensieg die Abwanderungswelle von Mitgliedern aufhalten.", „Die Kommunikation der Produktlinie muss das Unternehmen aus der Verlustzone holen." Dann bestimmt der Erfolgsdruck das kommunikative Handeln. Dennoch: Ziele stellen besser keine Wunder in Aussicht, sondern erreichbare Erfolge, die mit der Analyse abgeglichen sind und zu einem späteren Zeitpunkt in Bezug auf Positionierung und Strategie erneut überprüft werden.

Ziele SMART definieren

Die SMART-Formel ist eine Checkliste zur Überprüfung der Ziel-Qualität:

S SPEZIFISCH: Ziele sollen aus der Analyse heraus so konkret wie möglich formuliert sein. Es muss klar werden, auf welchen Bereich sie sich beziehen. Sind sie unmissverständlich?

M MESSBAR: Ziele müssen präzise als erreichter Zustand formuliert sein. Ist das, was erreicht werden soll, messbar? Woran lässt sich der Fortschritt festmachen?

A ATTRAKTIV: Ziele sollen die Situation verbessern. Trägt das Ziel dazu bei? Ist es ambitioniert?

R REALISTISCH: Ziele sollen realistisch in Bezug auf Mittel und Möglichkeiten sein. Ist das Ziel mit den vorhandenen Ressourcen (Zeit, Team, Material, Budget) erreichbar?

T TERMINIERT: Ziele werden gestaffelt und beziehen sich auf Phasen. Sind die Ziele mit einem Zeitplan hinterlegt? Ist der (jeweilige) Zeitpunkt für das Erreichen der Ziele klar benannt?

Ziele verleihen dem Konzept seine Verbindlichkeit. Es erhält an dieser Stelle den Charakter eines Vertrags. Spätestens in der Phase der Auswertung zeigt sich, ob er eingehalten werden konnte.

Wie also sollten Ziele idealerweise formuliert sein? Hinter den fünf Anfangsbuchstaben SMART verbirgt sich eine Checkliste für die Zielqualität, die zum Erwartungsabgleich herangezogen werden kann (siehe Kasten).

Anhaltspunkte für realistische Zielgrößen

Recherchierte Werte und Zahlen ermöglichen eine realistische Einordnung. Es kann zwar notwendig sein, diese Werte zu relativieren oder Ableitungen davon vorzunehmen, in jedem Fall aber liefern valide Daten und Fakten Anhaltspunkte zur Beurteilung. Wer in der Analyse bereits verlässliche Informationen zusammengetragen hat, wird von vornherein realistisch planen und an diesem Punkt des Konzepts zu hoch gesteckte Ziele begründet nach unten korrigieren.

Beispiele für aufschlussreiche Zahlen und Werte sind:

- Bekanntheits- oder Akzeptanzwerte vergleichbarer Organisationen oder Produkte,
- die Zahl der potenziellen Käufer*innen oder Nutzer*innen in einem spezifischen Markt,
- Erfahrungswerte aus früheren Kommunikationsprozessen,
- sozialwissenschaftliche und wirtschaftliche Studien oder Abschlussarbeiten von Hochschulen, Studien von Markt- und Meinungsforschungsinstituten,
- Markt- und Meinungsforschung aus der eigenen Organisation,
- Zahlen und Studien von Wirtschaftsverbänden, Gewerkschaften, Sozialverbänden sowie wirtschaftsnahen und politischen Stiftungen,
- eigene Erhebungen,
- öffentlich zugängliche Statistik-Datenbanken,
- Medienresonanzanalysen,
- digitale Analysen.

Denkanstoß: Schleichende Verschotterung:[1] Gärten des Grauens

Deutschland und die Schweiz diskutieren das Steingarten-Verbot – eigentlich eher das Schottergarten-Verbot. Was ist was? Während in Steingärten Steine und Kiesel den natürlichen Untergrund für die üppige Vegetation einer trockenheitsresistenten Flora von Mauerpfeffer bis Edelweiß und Seifenkraut bilden, sind Schottergärten einfach blütenlose Schotterwüsten. Oft sind sie auch noch mit gepflasterten Flächen und steingefüllten Drahtkörben zur Abgrenzung kombiniert. Das Land leidet an schleichender Verschotterung. Hausbesitzer*innen aber schätzen das maximal gepflegte Erscheinungsbild bei minimalem Aufwand. Unter dem Hashtag „Gärten des Grauens“[2] findet sich eine Auswahl von Schottergarten-Fotos, die das Problem schnell erkennen lässt und die zunehmenden Proteste gegen das Phänomen nachvollziehbar macht. Auch auf Firmengeländen verbreiten sich die Steinwüsten. Dabei spricht vieles gegen den Trend: Die vermeintliche Sauberkeit ist durch Staub, Laub und Unkraut schnell dahin. Moos und Algen setzen sich fest – und werden dann oft mit Chemie und Hochdruckreinigern entfernt, was Gift fürs Grundwasser ist. Mehr Schottergärten bedeuten mehr Ödnis und mehr Artensterben. Bei Hitze speichern sie Wärme,

verhindern Abkühlung und verschlechtern das Klima in den Städten. In einigen Kommunen und Bebauungsplänen sind Schottergärten bereits verboten. Viele empfinden das als unzulässigen Eingriff in ihre Entscheidungsfreiheit. In Deutschland haben sich die Umweltressorts der Länder für ein „Aktionsprogramm zur Förderung insektenfreundlicher Privatgärten“ ausgesprochen. Wir nehmen an: Sie sind für die Kommunikation eines Umweltministeriums verantwortlich. In einer gewerbeintensiven Region sollen Sie Eigentümer*innen von Firmenimmobilien davon überzeugen, die Gartengestaltung auf freiwilliger Basis von Schotter- auf Blühgärten umzustellen. Die wichtigsten Argumente haben wir oben zusammengefasst. Welche realistischen Ziele können Sie sich setzen, wenn Sie von 250 Betrieben mit Schottergärten in einer Testregion ausgehen? Wie lange benötigen Sie, um diese Ziele zu erreichen und welche Etappen planen Sie ein?

Ziele werden im Präsens und apodiktisch formuliert. Sie sagen aus, wie die Situation zu einem bestimmten Zeitpunkt in der Zukunft ist. Begriffe wie „sollte“ oder „würde“ entfallen. Die Formulierung „Bis Ende Februar sollte der Aufbau der Online-Plattform abgeschlossen sein“ ist also strenggenommen keine eindeutige Zielformulierung. Ziele werden sortiert und zeitlich gestaffelt. Ein Unterscheidungskriterium ist ihre interne oder externe Richtung. Unternehmerische oder organisationsbezogene, übergreifende Ziele können vorangestellt werden.

6.2 Bestimmen, bestaunen, begießen: Kommunikationsziele und -ebenen

Was unterscheidet Kommunikationsziele von allen anderen Zielen? Ganz einfach: Sie sind nur mit kommunikativen Mitteln erreichbar. Kommunikationsziele tragen letztlich dazu bei, die übergeordneten Ziele einer Organisation zu erreichen. Für das Feld der Unternehmenskommunikation hat das Manfred Piwinger deutlich gemacht: „Nicht zuletzt deshalb, weil Unternehmensführung in der Regel zielgesteuert operiert, lässt sich der Zusammenhang zwischen Unternehmens- und

Ziele für Zwerge

Vorangestelltes Absatzziel (KEIN Kommunikationsziel)

- Von März bis Juni werden 2.500 Zwerge verkauft.

Interne Kommunikationsziele

- Am Ende der internen Kick-off-Phase sind die Vorteile der Vertriebs-Reorganisation des Unternehmens Garten & Schmuck allen Führungskräften und dem Vertrieb selbst bewusst.
- Bis Ende Februar sind Aufbau und Testung der ersten Online-Handelsplattform der Garten & Schmuck GmbH sowie entsprechende interne Schulungen abgeschlossen.

Externe Kommunikationsziele

- Von Februar bis Mai steigt der Bekanntheitsgrad der neuen Zwergenkollektion der Garten & Schmuck GmbH bei der Zielgruppe 18- bis 24-jährige Personen mit eigener Wohnung ohne Garten signifikant an: Die Garten & Schmuck GmbH gewinnt für die Zwerge 10.000 Follower auf Facebook und Instagram.
- Drei der führenden zehn deutschen Plantfluencer empfehlen bis Mai die Zwerge zusammen mit der neuen Online-Plattform.
- Bis Oktober werden die Zwerge in mindestens 200 Indoor-Gartengruppen-Posts und Online-Veranstaltungen thematisiert.
- Jede*r fünfte Käufer*in gibt eine Bewertung ab.
- An der Indoor-Garten-Challenge beteiligen sich über 20.000 Personen der Zielgruppe.
- Mindestens 50 private regionale Radiosender in Gebieten mit hohem Zielgruppenanteil greifen den Trend auf und berichten über die Indoor-Zwerge.
- Mindestens eine Gartensendung auf einem privaten TV-Sender (zum Beispiel RTL Gartenduell) greift den Trend innerhalb der nächsten zwölf Monate auf.

Kommunikationsstrategie am deutlichsten an Zieldefinitionen aufzeigen."[3]

Damit aber klar wird, was die Erwartungen an die Kommunikationsfachleute sind, müssen Kommunikationsziele auch in entsprechenden Kategorien definiert sein. Wie wir bereits in Kapitel 3 festgestellt haben, kann Kommunikation keinen Einfluss auf die Produktqualität nehmen oder fehlende Strukturen ersetzen. Sie wird in kommunikativen Kategorien gedacht und formuliert. Häufige Zielkategorien sind:

- erreichte Bekanntheit,
- erhöhte Akzeptanz,
- etablierte Überzeugung,
- gewonnene Zustimmung,
- erreichte Identifikation,
- eingetretene Änderung des Verhaltens,
- tatsächlich stattfindender Dialog,
- gestiegene Nachfrage, zum Beispiel nach Informationen,
- gestiegene Nutzungszahlen,
- gestiegene Bereitschaft, etwas weiterzuempfehlen,
- erhöhte Beteiligung,
- verringerte Beschwerdequote.

Nicht alle Kommunikationsziele sind gleichrangig. Einige sind schwer zu erreichen, andere leichter. Die Vermittlung von Informationen ist kurzfristig möglich, Verhaltensänderungen nur langfristig. Grundsätzlich lassen sich Kommunikationsziele drei Ebenen zuordnen:

Kognitive Ziele legen fest, welcher Grad an Wissenszuwachs oder Aufmerksamkeit erreicht werden soll. Was sind die Ziele im Hinblick auf das Verständnis von Zusammenhängen, Prozessen, Abhängigkeiten? Auch die Zunahme an Bekanntheit ist ein kognitives Ziel: Wie hoch wird der Bekanntheitsgrad von Themen, Unternehmen, Organisationen, Marken, Dienstleistungen, Menschen oder Meinungen sein, wenn der Kommunikationsprozess an einem bestimmten Punkt angelangt ist? Kognitive Ziele sind an Informationen geknüpft. Wir wissen von Technik bis Uhrzeit, worauf beim Gartengießen zu achten ist, nehmen dieses Wissen aber noch nicht an und setzen es auch (noch) nicht um.

Affektive Ziele beschreiben emotionale Zustände und das Erleben von Zielgruppen. Wie positiv oder negativ soll die Einstellung von Zielgruppen zu bestimmten Themen, Unternehmen, Organisationen, Marken, Projekten, Prozessen, Produkten, Dienstleistungen oder Menschen sein? Affektive Ziele sind schwerer zu erreichen als kognitive Ziele, weil Wissenserweiterung ein alltäglicher Vorgang ist. Einstellungen sind dagegen stärker an das Selbstbild gekoppelt, das seltener in Frage gestellt wird. Informationen genügen nicht, um affektive Ziele zu erreichen. Es muss darüber hinaus emotionale Angebote geben, die Identifikation und Reflexion auslösen. Wir sind überzeugt davon, dass das richtige Gießen auch zum Ernteerfolg beitragen wird und tun es deswegen lieber, aber noch nicht routiniert.

Konative Ziele formulieren, was die Kommunikation im Hinblick auf Verhalten und Handlungen der Zielgruppen erreichen soll. Dies sind die ambitioniertesten Ziele. Wir wollen also nicht nur, dass Zielgruppen etwas Neues erfahren und es emotional annehmen, sondern dass dieses Neue sie auch dazu veranlasst, ihr Verhalten zu verändern. Wir gießen jeden Tag um die gleiche Zeit und wenden aus Eigenantrieb die richtige Technik an. Konative Ziele gehen an die Wurzel der Veränderung und etablieren neue Routinen.

6.3 Frühling, Sommer, Herbst: Kommunikationsziele staffeln

Je umfangreicher und grundsätzlicher die Kommunikationsstrategie ist, umso mehr Ziele gehen in das Konzept ein. Sie lassen sich nach Kriterien wie zeitlichen Phasen oder Zielgruppen systematisieren:

- Ziele nach Phasen des geplanten Kommunikationsprozesses als kurz-, mittel- oder langfristig festlegen und auf dem Zeitplan einordnen.
- Ziele nach Handlungsfeldern strukturieren: zum Beispiel Ziele für die Medienarbeit, für die interne Kommunikation, für die Veranstaltungs-Kommunikation.
- Ziele nach strategischer Bedeutung oder Rang unterscheiden: übergeordnete Ziele, strategische Kommunikationsziele und operative Kommunikationsziele, die sich auf Maßnahmen wie digitale Kommunikation, Medienarbeit, Aktionskommunikation etc. beziehen oder auf Instrumente wie die Website, eine Veranstaltungsreihe oder den Instagram-Kanal.
- Ziele nach Zielgruppen segmentieren: Ziele abstufen – im Hinblick auf die Bedürfnisse, Erwartungen oder die Bereitschaft, in Kommunikation zu treten.

Kommunikationsziele sind Prozessziele. Sie sagen, wann wir wo angekommen sein wollen. In der Zielpyramide (siehe Abbildung 9, S. 111) sind die Ziele nach Phasen und strategischer Bedeutung dargestellt. Die von der Organisation vorgegebenen, übergeordneten Ziele bilden die Spitze. Sie beziehen sich zum Beispiel auf wirtschaftliche, politische, kulturelle, belegschaftsbezogene oder vertriebliche Aspekte (Beispiel: Absatzzahlen für die Gartenzwerge), wie sie in Unternehmensstrategien oder Vereinsstatuten formuliert sind. Übergeordnete Ziele bauen auf den operativen und strategischen Zielen auf und stellen damit die Voraussetzung für ihre Definition dar. Auf der Ebene der strategischen Kommunikationsziele wird festgelegt, was das jeweilige Kommunikationskonzept zur Erreichung der übergeordneten Ziele beiträgt. Sie stehen in einem strategischen Bezug zur Spitze, sind meist mittel- bis langfristig angelegt und geben den Orientierungspunkt für die Kommunikationsstrategie vor. Die operativen Kommunikationsziele zerlegen die strategische Planung in kleinere Einheiten. Sie sind in kürzeren Zeitfenstern messbar und beziehen sich auf einzelne Bereiche wie die Medienarbeit, Events, digitale Kommunikation, politische Kommunikation oder interne Kommunikation. Wenn alle operativen Ziele erreicht sind, sollten auch die strategischen Kommunikationsziele erreicht werden. Dieser Ansatz unterstreicht, dass die in Konzepten genannten Ziele, auch wenn sie sich nur auf einen Ausschnitt beziehen, die Gesamtplanung der Organisation im Auge behalten müssen und ihr nicht widersprechen dürfen.

Kürbisse im Mai? Reine Ziele greifen nicht vor

Zwei Paradefehler, die zur Verwässerung von Zielformulierungen führen, sind an den Schlüsselbegriffen „durch“ und „als“ zu erkennen.

- Etablierung eines neuen Geschäftsbereichs Gartenschmuck **als** Innovationstreiber.
- Hohe Akzeptanz eines neuen Geschäftsbereichs Gartenschmuck bei den Mitarbeitenden **durch** einen konsequent involvierenden Aktionsansatz.

Ein anderer Fall der Garten & Schmuck GmbH
Ziele für einen Generationswechsel im Unternehmen

Die Garten & Schmuck GmbH, gegründet 1925, ist ein echtes Traditions- und Familienunternehmen. Es würde sie heute aber nicht mehr geben, wenn nicht jede Generation auch Altes in Frage gestellt und Neues auf den Weg gebracht hätte. Ein solcher Generationswechsel steht gerade an. Die jetzige Elterngeneration hat in den 1980er Jahren einen starken Vertrieb aufgebaut. Seither sind die Produkte bei allen großen Baumärkten gelistet. Das Sortiment ist stabil geblieben. Nun tritt die älteste Tochter die Nachfolge an. Sie will das Unternehmen in den nächsten drei Jahren von Grund auf modernisieren, eine Online-Vertriebsplattform aufbauen und an die aktuellen Gartentrends anschließen. Im Kommunikationskonzept steht deswegen in der Zielpyramide folgendes:

Vorgegebene übergeordnete, wirtschaftliche Ziele

- Umsatzzuwachs innerhalb eines Jahres um 35 %, gesteigerter Gewinn innerhalb des ersten Jahres 10 %.
- 50 % der Gartenzwergkäufergruppe kaufen auch andere Produkte der Garten & Schmuck GmbH.

Strategische Kommunikationsziele

- 100 % aller Handelspartner und 70 % aller anderen Stakeholder kennen die neue Produktpalette innerhalb eines Jahres.
- 90 % aller Mitarbeitenden von Garten & Schmuck unterstützen den Expansionskurs der neuen Geschäftsführerin aktiv.
- Für 80 % der Gartenzwergkäufergruppe ist der Kontakt mit den Gartenzwergen der Einstieg in die Planung des eigenen (Indoor-)Gartens.

Operative Kommunikationsziele

- 70 % aller Fachmedien haben in den nächsten acht Monaten über den Generationswechsel und den Sortimentszuwachs der Garten & Schmuck berichtet.
- Es gelingt, drei von zehn der einflussreichsten deutschen Plantfluencer für die Trendausrichtung zu interessieren.
- 90 % der Mitarbeitenden haben innerhalb der ersten zwei Monate nach dem Start an den Inhouse-Schulungen zur Online-Plattform und Neuausrichtung teilgenommen.

Warum? Die Begriffe (ver-)führen dazu, entweder der Positionierung oder der Strategie vorzugreifen. Die Positionierung (siehe Kapitel 8) definiert die spezifischen Eigenschaften, Werte und Merkmale, die dem Gegenstand des Konzepts von seinen Zielgruppen zugeschrieben werden sollen. „Als" in der Zielsetzung ist insofern ein Indikator für die Vermengung von Ziel und Positionierung. Mit der Strategie (siehe Kapitel 9) wird im Konzept der Lösungsweg beschrieben. Sie antwortet auf die Frage: Wie oder wodurch werden die Ziele erreicht? In der Zielaussage ist „durch" ein Indiz für den Vorgriff auf die Strategie.

Zielpyramide

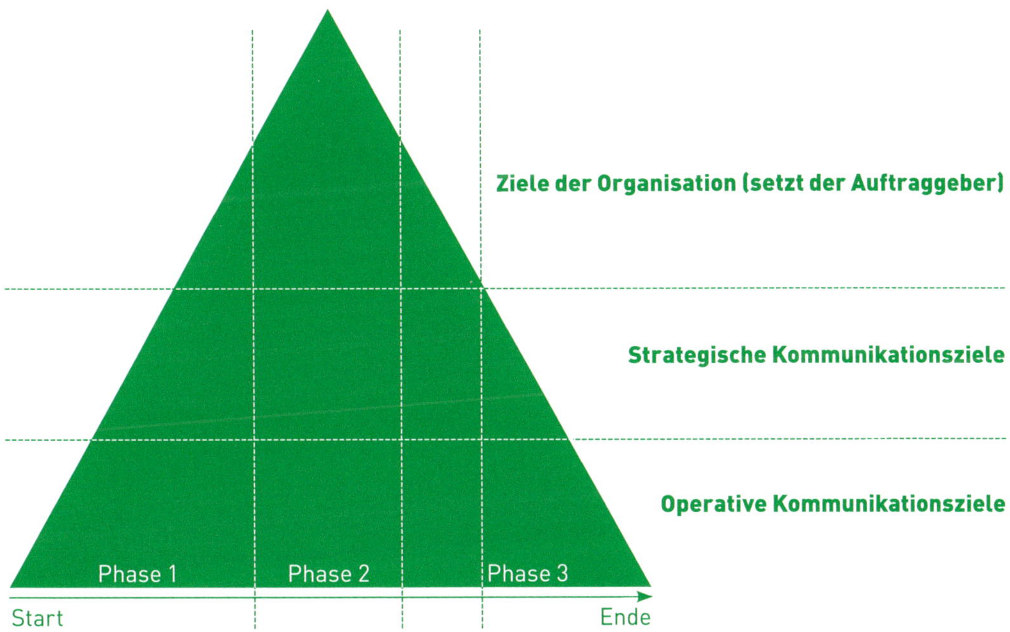

Abbildung 9: Pyramide für die Staffelung von Zielen nach Rang und Phasen

6.4 Abwiegen und einkochen: Kommunikations-Controlling und Evaluation

„Messen, was messbar ist. Messbar machen, was noch nicht gemessen werden kann!"[4] Der Satz von Klaus Dörrbecker, einem der führenden PR-Ausbilder der 1980er Jahre, leitet zur Evaluation von Kommunikationszielen über. Wie lassen sich Neupositionierungen, der Zuwachs von Bekanntheit, der Grad an Akzeptanz oder die Bereitschaft zur Veränderung messen? Zunächst ist es wichtig, zwei Begriffe zu unterscheiden:

- **Evaluation von Kommunikationsmaßnahmen:** Jede Maßnahme wird auf ihren Erfolg hin quantitativ – und idealerweise auch qualitativ – ausgewertet. Der Erfolg von operativen Kommunikationszielen bemisst sich also an Auflagenzahlen, Beitragslängen, Followern, Besucher*innen einer Veranstaltung etc.

- **Kommunikations-Controlling:** Hier geht es um die systematische Auswertung und Bewertung des Beitrags, den Kommunikation zum Wertschöpfungsprozess einer Organisation leistet. Der Ansatz fokussiert auf eine systematische Betrachtung der Gesamtheit von Strategie und Taktik. Auch der Erfolg und die Wirksamkeit einzelner Kommunikationsprozesse oder Kampagnen lassen sich so überprüfen.

Die Evaluationsexpertin Nanette Besson hat das Thema in Theorie und Praxis untersucht und kommt zu folgendem Schluss: „Jede Phase der PR (Planung, Durchführung und Kontrolle) und jede Wirkungstiefe (kurzfristige und langfristige Wirkungen) benötigt andere Bewertungsmethoden. Aus dem breiten Angebot von Methoden aus der Sozialwissenschaft, Betriebswirtschaft, Psychologie, Linguistik und Mathematik lassen sich passende Datenerhebungs- und Datenanalysemethoden auswählen. Alle Methoden müssen dabei wissenschaftlichen Gütekriterien genügen: Standardisierung, Reliabilität/Objektivität und Validität gewährleisten zum Beispiel bei quantitativen Datenerhebungen den hohen Qualitätsanspruch der Evaluationsergebnisse. Die Einhaltung der Gütekriterien ermöglicht einen Vergleich von Evaluationsergebnissen unterschiedlicher Projekte.“[5]

Exkurs: Evaluationsinstrumente

Zur Einordnung der Evaluationsinstrumente dient der von Ansgar Zerfaß und der Deutschen Public Relations Gesellschaft (DPRG), etablierte vierstufige Bezugsrahmen:[6]

Input = Initiierung der Kommunikation: Prozesse, Kosten, Integration:

Den Input zu überprüfen heißt, die Leistungen der Kommunikationsabteilung oder Agentur nachzuweisen. Instrumente, die in diesem Schritt bewertet werden, sind zum Beispiel Checklisten, Templates und definierte Prozesse. Aber auch Budgetpläne und Ressourceneinsatz werden hier betrachtet. Hilfsmittel sind Zeit-/Kostenpläne sowie Anzeigenäquivalenzwerte.

Output = Verfügbarkeit und Reichweite der Botschaften/Angebote: Kontaktmöglichkeit, Nutzen für die Zielgruppe:

Erreichen die Kommunikationsmaßnahmen die Zielgruppen? Und kommen die Inhalte und Botschaften an? Werden also die kognitiven Ziele erreicht? Der Output besagt einerseits ganz praktisch und quantitativ, wie viele Besucher*innen der Messestand hatte, wie viele User am Gewinnspiel teilgenommen haben, wie viele und welche Medien die Presseinformation aufgenommen haben oder welche Themen und Argumente nachweislich am meisten retweeted werden. Demgegenüber sind Aussagen über die Tonalität der Berichterstattung, die Intensität der Rezeption eines Blogs oder einer Website qualitative Aussagen. Die dafür einsetzbaren Instrumente sind Medienresonanzanalysen, Inhaltsanalysen, Feedback-Bögen bei Veranstaltungen und Page-Impressions sowie Rankings.

Outcome = Wirkung bei den Stakeholdern: Wissen, Einstellungen und Handlungen. Outcome misst die affektiven Kommunikationsziele. Führen Informationsangebote und Handlungsanreize dazu, dass sich die Einstellung oder Handlungsbereitschaft der Zielgruppen verändert? Zur Messung lassen sich die komplexen, aber präzisen Instrumente der empirischen Sozialforschung einsetzen: qualifizierte Einzelgespräche, Leitfadeninterviews, Fokusgruppen-Untersuchungen, Stimmungsbarometer und Stakeholder-Analysen oder längerfristig angelegte Imagestudien.

Outflow = betriebswirtschaftliche Wirkung: Unterstützung der Leistungserstellung und Aufbau von immateriellem Kapital:

Outflow formuliert den Anspruch, Wertschöpfungsbeiträge von Kommunikation messbar zu machen. Bewertet wird also nicht mehr nur der Erfolg einzelner Kommunikationsmaßnahmen und die erreichten Veränderungen. Es geht vor allem um die übergeordneten und die strategischen Ziele von Kommunikationskonzepten. Die Outflow-Betrachtung berücksichtigt harte Faktoren (Betriebswirtschaft, Finanzen) und weiche Faktoren (Führung, Kommunikation). Sie beruht auf der Bestimmung von Key-Performance-Indikatoren (KPI), also individuell definierten Erfolgsindikatoren, die – anknüpfend an die übergeordneten Ziele und die Strategie der Organisation – den kommunikativen Beitrag zum Gesamterfolg messbar machen sollen. Instrumente sind zum Beispiel die Balanced Scorecard oder das von der Gesellschaft Public Relations Agenturen (GPRA) und Wissenschaftler*innen entwickelte Communications Value System (CVS). Die genannten Instrumente werden vor allem von großen Organisationen und Unternehmen eingesetzt, die entsprechende Mittel zum Aufbau und zur Pflege solcher Systeme bereitstellen können.

Der Einsatz von Evaluationsinstrumenten kostet Zeit und Geld. Ganz praktisch sollten deswegen Maßnahmen der Evaluation auch im Maßnahmenplan enthalten und budgetiert sein. In vielen Fällen ist die Evaluation auch Legitimation für die Kommunikationsverantwortlichen, die ihre Budgetausgaben bei Vorgesetzten oder Kund*innen rechtfertigen müssen.

Abbildung 10: Übersicht gängiger Evaluationsmethoden

Wichtig ist, zuerst das Erkenntnisinteresse zu benennen, dann die Ziele zu formulieren und zuletzt das geeignete Evaluationsverfahren zu wählen.

Leseempfehlungen

Besson, Nanette Aimée. Strategische PR-Evaluation: Erfassung, Bewertung und Kontrolle von Öffentlichkeitsarbeit. 3., überarb. und erw. Aufl. Organisationskommunikation. Wiesbaden: VS, Verl. für Sozialwiss., 2008.

Piwinger, Manfred, und Ansgar Zerfaß, Hrsg. Handbuch Unternehmenskommunikation. 1. Aufl. Wiesbaden: Gabler, 2007.

Zerfaß, Ansgar. „Kommunikations-Controlling". In Unternehmenskommunikation, herausgegeben von Miriam Meckel und Beat F. Schmid, 437–69. Wiesbaden: Gabler, 2008.

Anmerkungen

1 Vgl. Kommt das Steingartenverbot?, GEV-Versicherung, in: https://www.gev-versicherung.de/ratgeber/kommt-das-steingarten-verbot/, [13.07.2020].

2 Vgl.Soltau, Ulf: Gärten des Grauens, in: Facebook: https://www.facebook.com/GaertenDesGrauens/ [13.07.2020].

3 Piwinger, Manfred, und Ansgar Zerfaß, Hrsg. Handbuch Unternehmenskommunikation. 1. Aufl. Wiesbaden: Gabler, 2007. S. 375.

4 Vgl. Dörrbecker, Klaus, und Renée Hansen. Wie Profis PR-Konzeptionen entwickeln: das Buch zur Konzeptionstechnik. 4. Aufl., [Nachdr.]. Public relations. Frankfurt am Main: F.A.Z.-Institut für Management-, Markt- und Medieninformationen, 2003.

5 Besson, Nanette Aimée. 2008. Strategische PR-Evaluation: Erfassung, Bewertung und Kontrolle von Öffentlichkeitsarbeit. 3., überarb. und erw. Aufl. Organisationskommunikation. Wiesbaden: VS, Verl. Für Sozialwissenschaft: 90.

6 Zerfaß, Ansgar: http://www.communicationcontrolling.de/fileadmin/communicationcontrolling/sonst_files/DPRG-ICV-Bezugsrahmen-Sept2009, [24.06.2020].

KAPITEL 7

Gegen das Gießkannenprinzip: *Zielgruppen* bestimmen

Mit der Frage nach den Zielgruppen der Kommunikation richtet sich der Blick zunächst auf die Öffentlichkeit. Was ist damit gemeint? Zum besseren Verständnis stellen wir eine kurze Einführung voran, die einen Einblick in den laufenden Diskurs gibt. Die Auseinandersetzung mit Öffentlichkeit und ihrer Transformation gehört zu den Grundlagen der Kommunikationsplanung.

Exkurs: 7.1 Gemeinschaftsgarten: Was ist Öffentlichkeit?

Der Begriff ist noch jung. Erst im 18. Jahrhundert wird er als selbstbewusste Botschaft eines Bürgertums geprägt, das sich in das Handeln der Herrschenden politisch einmischt. Heute gilt Öffentlichkeit (weitestgehend und kurz gesagt) als der Ort, an dem Meinungsbildung stattfindet und der entsprechend freie Zugänglichkeit für alle voraussetzt. Dieser Zugang kann direkt oder über die Medien gegeben sein. Jürgen Habermas spricht von der „prinzipiellen Unabgeschlossenheit des Publikums"[1], Richard Sennett vom „Austausch mit Fremden".[2] Hannah Arendt formuliert in ihrem Buch, „Vita activa oder Vom tätigen Leben" das Konzept der Pluralität im politischen Raum.[3] Zwischen den Menschen bestehe eine potenzielle Gleichheit. Als Verfechterin direkter Demokratie hält Arendt es für wesentlich, dass Menschen in der Lage sind, die Perspektive der anderen einzunehmen. Aus der Sicht der amerikanischen Philosophin Nancy Fraser sind freie Zugänglichkeit und die Möglichkeit zur Partizipation für weite Teile der gesellschaftlichen Minderheit jedoch beschränkt.[4] Auch die Kommunikationswissenschaftlerin Elisabeth Noelle-Neumann geht in ihrer Theorie der Schweigespirale[5] (siehe Kasten, S. 120) der Frage von Minderheiten- und Mehrheitsmeinungen nach. Die Bereitwilligkeit zur Meinungsäußerung sinkt, wenn die eigene Position in den Medien nicht repräsentiert ist, so Noelle-Neumann. **Medien kommt eine doppelte Rolle zu: Sie erzeugen Öffentlichkeit und sind selbst Teil davon.** Als Leitmedien werden diejenigen Medien verstanden, die die Agenda bestimmen und an deren Berichterstattung oder Beiträgen andere sich orientieren.

> **„Wer in die Öffentlichkeit tritt, hat keine *Nachsicht* zu erwarten und keine zu *fordern*."**
>
> Marie Ebner-Eschenbach (1830-1916), mährisch-österreichische Schriftstellerin

Öffentlichkeit als Ort der Meinungsbildung ist das Gegenteil von privat. Als Metapher wird häufig die Arena herangezogen. Sie verweist auch auf die frühen Vorbilder der Agora und des Forums in den antiken Gesellschaften altgriechischer Stadtstaaten. Auf dem Markt, der Agora, wurden Waren, aber auch Meinungen getauscht. Wenn wir heute von Meinungsmärkten sprechen, beziehen wir uns weiterhin auf diese Idee eines Umschlagplatzes. Dabei ist gleichzeitig klar, dass Öffentlichkeit nicht statisch zu betrachten ist, sondern als ein in Transformation begriffenes Gebilde, in dem Themen aufgegriffen und zu Meinungen verarbeitet werden. Darüber hinaus kann es in modernen, ausdifferenzierten Gesellschaften nicht den einen Markt geben, sondern unzählige spezialisierte Teilmärkte oder Teilöffentlichkeiten. In seiner Theorie des kommunikativen Handelns spricht Habermas von der „Ausdifferenzierung der Handlungssysteme durch Lebenswelten"[6]. Menschen nehmen ganz unterschiedliche Rollen und Verhaltensmuster ein, die sich auch widersprechen können. Der*die Aktionist*in kämpft für Umweltschutz, als Konsument*in kauft er*sie aber Lebensmittel in Plastikverpackung. Der*die Bürger*in hält Wahlbeteiligung für eine Pflicht, geht als Privatperson aber nicht wählen, weil die Woche stressig war. Der*die Professor*in hat Autorität, die ihm*ihr als Patient*in fehlt. Die gleichen Menschen können auch in Bezug auf das gleiche Thema aus ihren unterschiedlichen Rollen heraus unterschiedliche Haltungen entwickeln.

Die Zielgruppenplanung im Konzept bezieht sich überwiegend auf Teilöffentlichkeiten und muss Rollenverhalten sehr genau reflektieren.

> **„Die** *Schrebergärten* **sind die** *Antwort auf die Autobahn,* **auf der die Gärtner doch selbst gerne rasen."**
>
> Elmar Schenkel (*1953), Anglist, Autor, Übersetzer, Maler

In welcher Rolle sind Menschen besonders bereit, sich mit einem Thema auseinanderzusetzen?

7.2 Viele Gärten, eine Kolonie: Milieus und Teilöffentlichkeiten

„I don't know how to speak to everybody, only to somebody."[7] Mit diesem Satz der Werbeikone Howard Luck Gossage aus den 1960er Jahren ist das Wesentliche zum Thema Zielgruppen zusammengefasst. Formulierungen wie „die breite Öffentlichkeit" oder „alle Menschen mit Garten" stehen für ein Gießkannenprinzip und haben mit einem guten und treffsicheren Kommunikationskonzept nichts zu tun. Vielmehr geht es darum, die Menschen hinter den Zielgruppenschlagworten kennenzulernen:

- ihre Interessen,
- ihre Informationsbedürfnisse,
- ihre Haltungen und Meinungen,
- ihre Rollen,
- ihre kulturellen Prägungen,
- ihre Art der Meinungsbildung,
- ihre Sprache.

Der Begriff Zielgruppen kommt ursprünglich aus dem Marketingkontext und meint Kern- oder Absatzzielgruppen. Alle anderen Gruppen wie Mitarbeitende oder Multiplikator*innen werden auch als Stakeholder (Interessensgruppen), Bezugs-, Anspruchs- oder Neigungsgruppen bezeichnet.

„*Publicity,* **publicity, publicity is the** *greatest moral* **factor and force in our public life.**“

Joseph Pulitzer (1847-1911)
ungarisch-amerikanischer Journalist, Herausgeber und Zeitungsverleger

Rollen und Verhalten: Bienen retten, aber richtig

Wir nehmen an: Eine lokale Naturschutzgruppe plant eine Kampagne zur Rettung der Bienen. Der Anlass: Der weltweit feststellbare Rückgang der Bienenvölker hat Folgen für die Natur. Fast 80 Prozent aller Nutz- und Wildpflanzen werden von der Westlichen Honigbiene bestäubt. In welcher Rolle spricht die Kampagne Zielgruppen an? Der*die Bürger*in sagt: „Bienen müssen geschützt werden. Schließlich sind sie unverzichtbar für die Nahrungsmittelproduktion. Ohne Bestäubung kein Obst und Gemüse. Die Umwelt leidet. Artenvielfalt ist wichtig.“ Beim Frühjahrseinkauf in der Gärtnerei achtet die gleiche Person trotzdem nicht darauf, welche Pflanzen für Bienen besonders nützlich sind. Sie kauft Bambus oder Flieder, weil die so gut ins Beet passen. Auch der Platz für das Bienenhotel wird eher nach ästhetischen Kriterien ausgesucht als nach Fragen der Artgerechtigkeit. Wenn die Bienen-Kampagne erfolgreich sein soll, muss sie Menschen in mehreren Rollen erreichen und vom richtigen Handeln überzeugen.

Schweigespirale

Die Kommunikationswissenschaftlerin Elisabeth Noelle-Neumann geht in ihrer Theorie der Schweigespirale aus den 1970er Jahren davon aus, dass die Bereitschaft vieler Menschen, sich öffentlich zu äußern, sinkt, je stärker die eigene Meinung von der medial vermittelten Mehrheitsmeinung abweicht. Umgekehrt teilen Menschen ihre Meinung bereitwilliger mit, wenn sie den Eindruck gewinnen, zur Mehrheit zu gehören.

Hinter dem Schweigen der Minderheit steckt die Furcht vor sozialer Isolation. Der Konformitätsdruck löst eine Spiralbewegung aus: Mit der Zeit wird die als Mehrheitsmeinung dargestellte Meinung immer stärker und motiviert immer mehr Menschen dazu, sich ihr öffentlich anzuschließen.

Die Theorie erklärt auch, wie es zu einer Meinungsänderung kommen kann: Indem eine Minderheitsmeinung über Medien stärker verbreitet und so (mit der Zeit) als Mehrheitsmeinung wahrgenommen wird. Außerordentliche Ereignisse können Auslöser dafür sein. Dem Fernsehen als Teil der „vierten Gewalt" schrieb Elisabeth Noelle-Neumann damals einen besonders großen Einfluss auf die allgemeine Wahrnehmung einer Mehrheitsmeinung zu. Die Theorie stieß auch auf Kritik, unter anderem weil die empirische Basis angefochten wurde. Dennoch wird sie heute in Untersuchungen zur Nutzung der sozialen Medien vielfach herangezogen, um die Entstehung von Filterblasen oder die Gefahr der Einflüsse von Algorithmen und Bots auf Meinungsbildung zu begründen.

Ein strukturiertes Bild von Stakeholdern oder Kontaktfeldern, das Zielgruppen um die Organisation abbildet, zeigt Abbildung 11. Die Übersicht dient der ersten Orientierung. Kritisch betrachtet bezieht sie sich aber nur auf äußerliche Kriterien oder Zugehörigkeiten und blendet die Informationsbedürfnisse und Meinungsbildungsprozesse der aufgeführten Gruppen aus. Damit Kommunikation eine Wirkung erzielt, ist es notwendig von dieser holzschnittartigen Einteilung zu einer präziseren zu kommen. Zu jedem Kontaktfeld aus Abbildung 11 lassen sich Erwartungen und Einstellungen im Hinblick auf die Aufgabe und das Thema definieren, um Zielgruppen genauer zu beschreiben. So lässt sich das Gießkannenprinzip vermeiden. Identifizierungshilfen sind beobachtbare und durch Markt- und Meinungsforschung erhobene Merkmale, die nach Segmentierungsvariablen zusammengestellt sind (siehe Abbildung 12). Hinzu kommt die funktionale Zugehörigkeit zu einer Organisation, wie beispielweise:

- Mitarbeitende eines Unternehmens,
- Verbandsmitglieder,
- Vereinsmitglieder,
- Aktionäre,
- politische Entscheidungsebene,
- Zugehörige einer Initiative.

Abbildung 11: Kontaktfelder für die Bestimmung von Zielgruppen

Abbildung 12: Zielgruppen segmentieren

B-to-B: Wohin geht die Laube?

Im Auftrag eines Verbands der Holzwirtschaft untersucht ein unabhängiges Forschungsinstitut die Trends im Segment Gartenlauben. Absehbar ist eine zahlenmäßige Verschiebung zwischen Elementbau und Blockbohlenbauweise. Außerdem soll ermittelt werden, wie mobil, sicher, intelligent und nachhaltig die Lauben der Zukunft sein werden. Die Ergebnisse will der Verband über die Fachpresse, Fachforen und Mitgliedermailings allen Unternehmen der Holzwirtschaft zur Verfügung stellen, damit sie ihr Knowhow in diesem wichtigen Teilmarkt auf einen neuen Stand bringen und ihre Sortimente entsprechend anpassen können.

B-to-C: Kompostkisten-Konfigurator

Ein Unternehmen, das Hochbeete und Kompostkisten herstellt, hat einen Kompostkisten-Konfigurator entwickelt. Holz, Beton, Stein, Metall? Wer sich über Materialwahl, Größe und Standort noch unschlüssig ist, kann sich einen Kompostierer in 3D online selbst zusammenstellen. Das Angebot richtet sich an Privatpersonen mit Garten. Mittler sind beispielsweise Redaktionen von Gartenzeitschriften und -portalen.

B-to-B und B-to-C

Kommunikation kann zwischen Organisationen (Business to Business) oder zwischen Organisationen und Öffentlichkeit (Business to Consumer) stattfinden. Die Begriffe stammen aus dem Marketing. B-to-C-Kommunikation meint die Ansprache von Privatpersonen, B-to-B-Kommunikation die Ansprache potenzieller Verbündeter auf Organisationsebene wie Handel, Zulieferung, Geschäfts- und Kooperationspartner*innen.

Eine eher systemische Betrachtung ist die Segmentierung von Zielgruppen in gesellschaftliche Milieus, die nach Betroffenheit und Problembewusstsein unterscheidet. Die Basis bilden latente, bewusste oder aktive Lebensstile. Die Milieus entstehen auf der Grundlage von Befragungen und setzen die Grundorientierung und Werte von Menschen (Lebenseinstellung, Familie, Politik, Religion etc.) mit ihren soziodemografischen Lebensumständen (Einkommen, Vermögen, gesellschaftliche Teilhabe, Bildungsgrad) in Beziehung. Nach diesen Kriterien entstehen zum Beispiel die Milieus des Meinungsforschungsinstituts Sinus (siehe Abbildung 13), die es erlauben, die Kommunikations- und Mei-

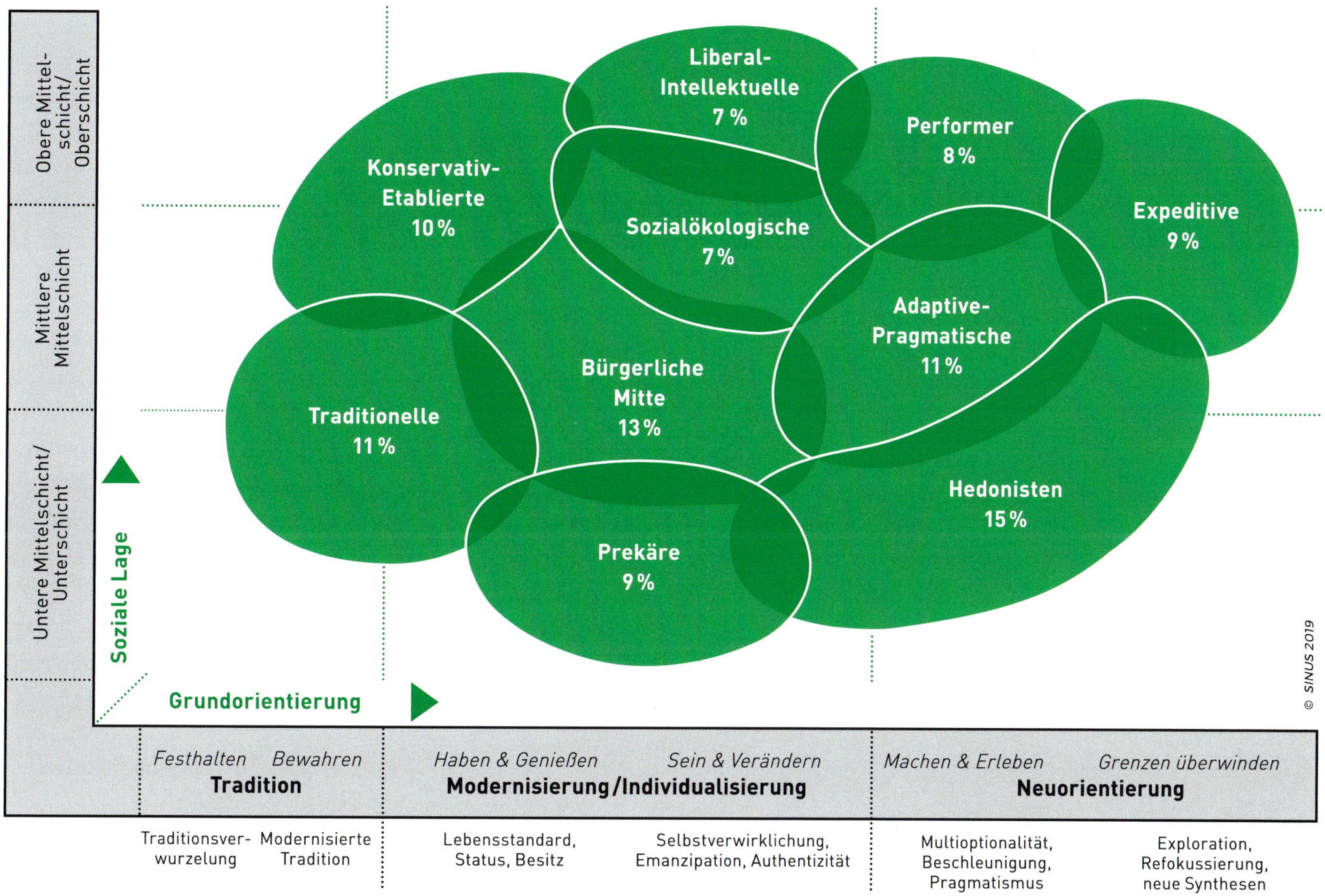

Abbildung 13: Sinus-Milieus

Exkurs

Vereinfachende Zuschreibungen: Stereotype

Stereotype sind stark vereinfachende Vorstellungen über Menschen, die die Wahrnehmung und das Alltagsverhalten bestimmen und nicht hinterfragt werden. Stereotype haben, wie Vorurteile und Klischees, häufig negative Auswirkungen, weil sie mit gesellschaftlich-kulturellen Wertungen verbunden sind, die Privilegien und Benachteiligungen bedeuten. Stereotype beeinflussen das Verhalten auch unbewusst (unconscious bias), was zum Beispiel in Bewerbungsverfahren oder Forschungsprojekten zur Verzerrung der Ergebnisse führen kann. Wissen und Wahrnehmung werden von Stereotypen beeinträchtigt, zum Beispiel von der Vorstellung, dass Männer durchsetzungsfähiger sind als Frauen oder Frauen besser kommunizieren können als Männer (gender bias). Der Begriff „homosoziale Kooptation" meint darüber hinaus das Prinzip der Auswahl nach dem Selbstähnlichkeitsprinzip. In Selektionsverfahren werden Menschen als geeignet empfunden, die dem eigenen Äußeren gleichen.

nungsbildungsmechanismen innerhalb von Teilöffentlichkeiten zu betrachten.[8]

Im Idealfall wird aus der Formulierung einer Zielgruppe schon ersichtlich, wie und wo sie erreichbar ist. Werden zum Beispiel „18- bis 24-Jährige aus dem adaptiv-pragmatischen Milieu, die noch zu Hause wohnen" als Zielgruppe identifiziert, kommen als Instrumente bestimmte Medien oder Online-Portale in Frage, die diese Zielgruppe nutzt. Sportvereine, Ausbildungsbetriebe, Shopping-Malls, Instagram, ausgewählte Sendeplätze im (privaten) Hörfunk sind Orte und Medien, um sie zu erreichen. Ist als Zielgruppe die Belegschaft eines Tochterunternehmens an einem bestimmten Standort identifiziert, dann sind standortbezogene Seiten im Intranet, das schwarze Brett, die Kantine, Fortbildungsveranstaltungen oder die Weihnachtsfeier Zugangswege.

7.3 Hinter die Palisade schauen: Zielgruppen erkunden

Die Definition und genaue Beschreibung von Zielgruppen hat einen Haken, und zwar völlig unabhängig davon, ob die Kommunikation sich auf Milieus oder Marktforschungsergebnisse stützt. Je weiter die Zielgruppen vom Alltag und der Lebenswelt derjenigen entfernt sind, die das Konzept erarbeiten, umso eher besteht die Gefahr, dass Stereotype die Entscheidung prägen.

Unser Gehirn ist effizient und schnell. Eine Zehntelsekunde reicht für den ersten (bleibenden) Eindruck aus. Und genauso schnell wie das Gehirn Attribute wahrnimmt, docken sie auch an die Muster an, die die Erfahrung geprägt hat. Das geschieht unwillkürlich und überwiegend unbewusst. Ein solcher Schnell-Scan behindert die Entstehung eines differenzierten, möglichst unabhängigen Bildes. Kriterien, die vom Stereotyp abweichen, nehmen wir deutlich schwächer wahr. Für ein präzises Bild von Zielgruppen, die in der eigenen Erfahrungswelt nicht vorkommen, sind vorurteilsfreies Beobachten und genaues Zuhören wichtige Fähigkeiten.

Qualitative Interviews mit Zielgruppen

Interviews und Gespräche mit stellvertretenden Personen aus den relevanten Zielgruppen helfen, die Kommunikation genauer auf sie auszurichten. Durch Empathie für Menschen und ihre Anliegen entsteht ein besseres Verständnis davon, worauf sie Wert legen, wie sie sich ihre Meinung bilden und welche Themen ihnen wirklich wichtig sind. Im Dialog lässt sich aber auch ermitteln, wo Repräsentant*innen einer Zielgruppe Konflikte erleben und was sich in ihrem Denken und Verhalten auch widerspricht. Zielgruppen durch Gespräche zu erkunden ist empfehlenswert, setzt aber voraus, die eigenen Ideen, Wertungen und Schubladen herauszuhalten.

Checkliste: Gespräche mit Zielgruppen

Der Interviewleitfaden aus Kapitel 4 (S. 79 f.) kann dafür ebenso genutzt werden wie die Tipps zum Thema Aktives Zuhören und Gesprächsführung aus Kapitel 3 (S. 50 f.). Ergänzende Empfehlungen sind:

- In Zielgruppengespräche zu zweit gehen. Eine*r fragt und ein*r beobachtet und schreibt mit.
- Wenn möglich, Aufnahmen von der Gesprächssituation machen, die sowohl als persönliche Erinnerungshilfe dienen als auch für die Dokumentation und Präsentation hilfreich sind (siehe Moodboard).
- Anschließend zeitnah die eigenen Eindrücke aufschreiben: Was hat überrascht? Welche Gegensätze oder Widersprüche waren wahrnehmbar?
- Viele wortwörtliche Zitate sammeln, denn Erkenntnisse über die Sprache der Zielgruppe bilden die Brücke vom Interview zu den Botschaften, die Thema des nächsten Kapitels sind.

Empathie: Zielgruppen im Selbstgespräch erkunden

Empathie ist die Bereitschaft und Fähigkeit, sich in andere Menschen hineinzuversetzen. Sie wird auch gleichgesetzt mit Perspektivenübernahme, wobei Empathie neben der kognitiven auch die affektive Fähigkeit erfordert, sich in die Situation des Gegenübers einzufühlen. Als Instrument zur Zielgruppenerkundung unterstützt die Empathiekarte dieses Vorgehen. Sie geht auf Dave Gray, einen der Pioniere der Design-Thinking-Bewegung, zurück und dient dazu, Zielgruppen im Selbstgespräch über demografische Merkmale oder Zugehörigkeiten hinaus zu verstehen. Durch die Beantwortung der Fragen entsteht ein richtungsweisendes Profil, das eine stellvertretende Person, ihr Verhalten, ihre Wünsche,

Empathiekarte: Zielgruppen bestimmen und verstehen

Stellen Sie sich eine Person aus der jeweiligen Gruppe vor. Vielleicht haben Sie auch bereits qualitative Interviews geführt und können dementsprechend genauer arbeiten. Geben Sie dieser Person einen Namen und beschreiben Sie sie kurz (z.B. Einkommen, Familienstand usw.). Erarbeiten Sie dann ein ganzheitliches Bild der Person, indem Sie die folgenden Fragen beantworten:

Was sieht sie? Beschreiben Sie das Umfeld der Person.

- Wie sieht es dort aus?
- Wer umgibt sie?
- Wer sind ihre Freunde beziehungsweise Bezugsgruppen?
- Welchen Eindrücken ist sie tagtäglich ausgesetzt?
- Welchen Problemen sieht sie sich gegenüber?

Was hört sie? Beschreiben Sie, was die Person beeinflusst.

- Was sagen ihre Freunde? Was sagen ihre Kollegen?
- Wer beeinflusst sie wirklich und wie?
- Welche Kanäle (Medien etc.) sind einflussreich?

Was denkt und fühlt sie? Was geht im Kopf dieser Person vor?

- Was ist wirklich wichtig (auch wenn sie es möglicherweise nicht offen zugibt)?
- Stellen Sie sich ihre Gefühle vor. Was bewegt sie?
- Was hält sie nachts wach?
- Versuchen Sie, ihre Träume und Wünsche zu beschreiben.

Was sagt und tut sie? Beschreiben Sie, wie sich die Person verhält.

- Wie ist ihre Einstellung?
- Was könnte sie anderen sagen?
- Achten Sie besonders auf potenzielle Konflikte zwischen dem, was die Person sagen könnte, und dem, was sie wirklich denkt oder fühlt.

Ängste und Anliegen, aber auch ihr Umfeld verständlich macht. Die Ergebnisse können sehr aufschlussreich für die Positionierung und die Strategieentwicklung sein. Bis in die Phase der Umsetzung hinein lassen sich mithilfe dieser Erkenntnisse getroffene Entscheidungen wieder revidieren oder hinterfragen. In der Beratung kann die Empathiekarte außerdem hilfreich sein, um beispielweise Redner*innen auf ein Publikum vorzubereiten.

Die vorgestellten Strukturierungshilfen können in Kombination genutzt werden. Die wertvollste Hilfe ist eine gute Analyse. Wenn dort schon klar erarbeitet worden ist, wer wie über das Unternehmen, das Produkt, die Marke, das Thema denkt und was die jeweilige Zielgruppe zum Kauf, zur Akzeptanz, zur Meinungsänderung motivieren könnte, wird die Definition der Zielgruppen später deutlich leichter.

Persona oder Botanisiertrommel: Sammlung prototypischer Merkmale

Die Botanisiertrommel stammt aus einer Zeit, als es noch nicht möglich war, bei Naturerkundungen seltene Exemplare schnell mit Smartphone oder Kamera zu fotografieren.

Welches sind die negativen Aspekte im Leben dieser Person?

- Welches sind ihre größten Frustrationen?
- Welche Hindernisse stehen zwischen ihr und dem, was sie erreichen will?
- Welche Risiken könnte sie scheuen?

Welches sind die positiven Aspekte im Leben dieser Person?

- Was will oder muss sie wirklich erreichen?
- Wonach bemisst sie Erfolg?
- Ersinnen Sie ein paar Strategien, die sie zum Erreichen ihrer Ziele verwenden könnte.

Das Beispiel Gartenzwerg

Persona: Jasmin
Geschlecht: weiblich
Alter: 24 Jahre
Beschäftigung: Erzieherin

Charakter: fröhlich und humorvoll, feiert gern, hilfsbereit, zuverlässig, zum Teil kritisch, gerechtigkeitsliebend, sozial, liebt Gemütlichkeit, sparsam.

Social-Media-Nutzertyp: Facebook- und Instagram-User, täglich in sozialen Netzwerken unterwegs, postet überwiegend persönliche Beiträge, liked aber gelegentlich auch Nachrichten über soziale Missstände und Informationen aus der Region.

Beschreibung: Jasmin ist die jüngste von drei Geschwistern und lebt allein in der eigenen 2-Zimmer-Wohnung in einer Kleinstadt. Ihre Eltern leben in der Nähe. Sie arbeitet als Erzieherin in einer evangelischen Tageseinrichtung. Nach dem Realschulabschluss hat sie ihr Fachabitur nachgeholt. Hinter dem Haus, in dem vier Parteien leben, befindet sich ein Garten, dessen Nutzung aber der Vermieterin vorbehalten ist. Jasmin liebt die Natur. Sie schwärmt davon, dass sie unweit der Wohnung durch die Felder spazieren kann. Großstädte findet sie zu unübersichtlich und deshalb unangenehm. Ihr Partner Ahmet macht eine Ausbildung zum Krankenpfleger und wohnt noch bei den Eltern.

Vorlieben/Interessen/Hobbies: Jasmin hat einen großen Freundeskreis. Mit vielen ihrer Kolleginnen ist sie auch eng befreundet. Sie geht gern tanzen und liebt es, Cocktails zu trinken. In ihrer Kindheit hat sie Querflöte und Gitarre spielen gelernt, was sie zum Teil privat und im Beruf noch einsetzt. Sie hat eine sehr gute Singstimme und engagiert sich in einem Chor. Mitglied in weiteren Vereinen ist sie nicht. Sie kocht nicht so gern selbst. Lieber lädt sie ihre Freunde und Familie zu dekorativen und kommunikativen Abendessen, wie Fondue oder Raclette, ein. Überhaupt liebt sie Dekoration: Im Badezimmer hat sie beispielweise unter der Decke ein Fischernetz mit Seesternen gespannt oder im Wohnzimmer eine komplette Bilderwand mit selbstgebauten Rahmen angelegt. Sie ist kreativ und bastelt gern nach Anleitung zum Beispiel von YouTube-Videos. Im Bastelbedarf und in Baumärkten ist sie oft unterwegs. Jasmin legt Wert auf Sauberkeit und ist sehr ordentlich. Sie hat es gern gemütlich und liebt die Ruhe nach dem anstrengenden Kita-Alltag. Sie fährt einen Kleinwagen und benutzt nie öffentliche Verkehrsmittel.

Ziele/Wünsche/Erwartungen: Jasmin wünscht sich eine Familie mit Kindern und ein eigenes Haus mit Garten, Katzen und einem Swimmingpool. Gern würde sie sich irgendwann selbstständig machen. Sie hat viele Ideen, hasst aber Papierkram. Ihr Traum ist ein Wohnwagen oder Wohnmobil. Für Urlaub in Hotels fehlt ihr einerseits das Geld, andererseits liebt sie Camping, weil sie dann direkt im Grünen und am Wasser ist. Sie hat sich vorgenommen, wieder Sport zu machen, und möchte als nächstes Inline-Skating und Aquafitness ausprobieren.

Informations- und Meinungsbildungsverhalten: Jasmin liest keine Zeitung und sehr selten Bücher. Sie hat keinen eigenen Computer, weil sie ihn weder privat noch beruflich benötigt. Sie ist sehr viel auf Instagram und Facebook unterwegs und verbringt täglich mehrere Stunden am Handy. Ihr Freundeskreis ist ebenfalls auf diesen Plattformen aktiv. Weil sie ungern liest, holt sie sich Informationen eher auf Pinterest und YouTube. Eine ihrer Lieblingssendungen ist „Voice of Germany". Sie kennt alle Stars und geht auf ihre Konzerte. Die öffentlich-rechtlichen Sender nutzt sie nicht. Private Radiosender hört sie in der Küche und beim Autofahren.

Aus der Beschreibung ist ablesbar:

- Die Zielgruppe ist eher in Kleinstädten als Metropolen zu finden.
- Sie ist über soziale Medien, insbesondere Facebook und Instagram, erreichbar.
- Sie ist aufgeschlossen für Dekoration und verbindet mit dem Thema Garten positive Assoziationen, hat aber selbst keinen Garten.
- Bestimmend sind die Kategorien Gemütlichkeit und Überschaubarkeit, weniger das Thema Trend.
- YouTube und Pinterest sind wichtige Kanäle.
- Die eigenen Freunde sind ihre wichtigste Quelle für Empfehlungen. Hinzu kommen Stars, die aus dem Privatfernsehen bekannt sind.

Also wurden die Fundstücke in einer kleinen Trommel aus Blech gesammelt und nach Hause getragen. Die Metapher führt zum Instrument der Personas, einer sorgfältigen Sammlung von charakteristischen, persönlichen Merkmalen. Die prototypischen Personenbeschreibungen helfen dabei, Zielgruppen zu verstehen und zu erreichen. Personas werden auf der Grundlage definierter Kriterien (wie Vorlieben, Erwartungen oder Meinungsbildungsverhalten) entwickelt. Jede Persona erhält einen Namen und ein Gesicht. Für das Konzept ist wichtig, dass vor allem Einstellungen, Interessen, aber auch Lebensumstände und Meinungsbildungsprozesse gut beschrieben sind, die für die Kommunikationsaufgabe relevant sein können. Die beschriebenen Eigenschaften beziehen sich auf die demografischen oder milieubezogenen Fakten aus der Analyse und müssen zutreffen. Schließlich geht es darum zu erkennen, auf welchen Wegen und mit welchen Themen, Informationen oder Gesprächsangeboten die realen Zielgruppen am besten erreicht werden können.

7.4 Weiterzwitschern: mehrstufige Kommunikation

Nicht immer ist die Organisation, die eine Botschaft sendet, auch Identifikationsfigur für die Menschen, die sie erreichen möchte. Manchmal fehlen der direkte Zugang und die Glaubwürdigkeit. Dann tragen Dritte, die im Konzept ebenfalls als Zielgruppen bestimmt werden, die eigenen Botschaften weiter. Die Kommunikation läuft über Bande. Mittler*innen sprechen Empfehlungen aus, Medien und Multiplikator*innen verleihen der Kommunikation Überzeugungskraft, weil sie der Kernzielgruppe nahestehen und sie unmittelbar erreichen. Dieses Vorgehen wird als mehrstufige Kommunikation bezeichnet.

Wichtige Mittler*innen und Multiplikator*innen sind:

- **Medien,** ganz gleich ob off- oder online. Die Medienlandschaft ist groß. Es gilt zu identifizieren, welche Medien für die Kernzielgruppen bedeutend sind. User-Profiles, Leserschaftsprofile in Mediadaten und etliche Adress- und Organisationsdatenbanken online helfen bei der Selektion.
- **Personen mit professioneller Autorität** oder Glaubwürdigkeit, die aufgrund ihres Ranges oder ihrer Expertise überzeugen: Repräsentant*innen aus Wissenschaft, Wirtschaft, Kultur, Politik, Bildungslandschaft, Kirche oder Glaubensgemeinschaft etc. Viele folgen ihren Empfehlungen beziehungsweise hören auf ihren Rat. Sie stiften Orientierung.
- **Meinungsführende Personen** (opinion leaders), die aufgrund ihrer Persönlichkeit Akzeptanz und Glaubwürdigkeit in einer Zielgruppe genießen. Das können ganz unterschiedliche Menschen sein, die in der Hierarchie nicht unbedingt oben stehen: die Gemeindeschwester, die mehr Vertrauen genießt als der Arzt der Gemeinde; der Fließbandarbeiter, dem Teile der Belegschaft mehr glauben als jemandem aus dem Betriebsrat; der Nachbar, der das Meinungsbild einer ganzen Straße mehr prägt als die zuständige Bürgermeisterin.
- **Prominente Vorbilder,** die für Aufmerksamkeit sorgen und Themen auf die öffentliche Agenda setzen können.

- **Bekannte und unbekannte Testimonials,** die der Zielgruppe als Identifikationsfiguren dienen und als Gleichgesinnte über eigene Erfahrungen berichten.

- **Blogger, Fashion-Leader oder Trendsetter,** die für das Neue stehen. Sie wissen als Erste, was angesagt ist und kommen wird, noch bevor es andere erfahren. Sie setzen Maßstäbe, machen Meinungen, kreieren Trends und animieren andere zum Nachahmen.

Exkurs:
Deutsche Medienlandschaft

In Artikel 5 des Grundgesetzes der Bundesrepublik Deutschland ist die Presse- und Rundfunkfreiheit festgeschrieben. Sie schützt Medien vor staatlichen Eingriffen. Pressefreiheit ist in einer Demokratie ein hohes Gut und wird immer wieder missachtet beziehungsweise eingefordert. Medien wirken an der öffentlichen Meinungsbildung mit, indem sie zu Themen von allgemeiner Bedeutung Nachrichten verbreiten, die jede*r benötigt, um sich in der Gesellschaft zurechtzufinden. Damit dienen Massenmedien auch der Integration der Gesellschaft, die sich in den Medien wie in einem Spiegel selbst beobachten kann.[9] Das Funktionieren einer Demokratie, in der alle Staatsgewalt vom Volke ausgeht (Art. 20 Abs. 2 GG), setzt voraus, dass alle Angehörigen des Staates die Informationen erhalten, die sie benötigen, um sich faktenbasiert eine eigene Meinung bilden zu können. Entsprechend umfassend ist der Programmauftrag der öffentlich-rechtlichen Rundfunkanstalten.

Deutschland ist der größte Zeitungsmarkt Europas und der fünftgrößte der Welt. Täglich erscheinen 327 Tageszeitungen mit 1.452 lokalen Ausgaben in einer gedruckten Gesamtauflage von 13,52 Millionen Exemplaren. Daneben kommen 17 Wochenzeitungen mit 1,61 Millionen Exemplaren und sechs Sonntagszeitungen mit einer Auflage von 1,74 Millionen heraus. Das bedeutet: Auf je 1.000 Einwohner*innen über 14 Jahre kommen in Deutschland 198 Zeitungsexemplare. 89,5 Prozent der Bevölkerung ab 14 Jahren nutzen regelmäßig die gedruckten und digitalen Angebote der Zeitungen.[10] In Österreich werden 16 Tageszeitungen und 252 Wochenzeitungen produziert.[11] Die auflagenstärkste ist mit rund 780.000 verkaufter Auflage die Kronenzeitung. In der Schweiz erscheinen 269 Zeitungstitel mit einer Gesamtauflage von fast sechs Millionen Exemplaren, die meisten davon, 221, im deutschsprachigen Teil.[12]

Im Jahr 2020 gibt es in Deutschland 272 private und 74 öffentlich-rechtliche Radiosender[13] und 432 private Fernsehprogramme. Im Vergleich zu 2008 ist die Anzahl somit um 67 Sender gestiegen, was den Höchstwert in der Zeitreihe darstellt. Die Anzahl der Pay-TV-Sender ist innerhalb desselben Zeitraums von 68 auf 90 Angebote gestiegen. Die meisten Programme waren landesweite, regionale und lokale Fernsehangebote. Das Ranking der Zuschauermarktanteile beim Publikum ab drei Jahren führte das ZDF mit 13,9 Prozent an. Auf dem zweiten Platz erreichten die Dritten Fernsehprogramme, also die regionalen Vollprogramme der ARD, einen Marktanteil von 12,7 Prozent. Es folgte die ARD mit 11,5 Prozent Marktanteil. Ein anderes Bild zeigte sich bei den Marktanteilen der Fernsehsender in der Altersgruppe von 14 bis 49 Jahren: In diesem Zuschauerkreis erreichte der Kölner Sender RTL einen Marktanteil von 11,3 Prozent und rankte damit vor ProSieben und Sat.1.

In Österreich gibt es rund 160 Fernsehsender. Die größte Rolle spielen mit fast der Hälfte des

Wer empfiehlt Gartenzwerge?

Medien und Mittler für das Konzept der Zwerge sind entsprechend der Analyse und Persona:

- **MEDIEN: privates Fernsehen, lokaler und regionaler privater Rundfunk in allen Gebieten, in denen der Anteil der 18- bis 24-Jährigen mit eigener Wohnung hoch ist.**
- **OPINION LEADER: lokale Facebook-Gruppen ausgewählter Kleinstädte, Facebook-Gruppen zum Themenkomplex Dekoration.**
- **PROMINENTE: Stars, zum Beispiel aus der Sendung „Voice of Germany".**
- **TESTIMONIALS: Menschen, die Jasmin ähnlich sind.**
- **TRENDSETTER: die wichtigsten Plantfluencer im deutschsprachigen Raum.**

Marktanteils die Sender des ORF.[14] In der Schweiz hatten 2020 die drei Sender der Schweizer Radio- und Fernsehgesellschaft (SRG) 31 Prozent, regionale private Sender 9 Prozent und die Sender des benachbarten deutsch-, französisch- und italienischsprechenden Auslands 60 Prozent Marktanteil.[15]

Plantfluencer: Fluch und Segen der Influencer-Kommunikation

Menschen vertrauen Menschen: Empfehler*innen, Expert*innen oder Opion-Leaders. Das ist das Grundprinzip der Kommunikation von Influencern. Ihre Motivation ist sehr unterschiedlich. Manche verdienen ihren Lebensunterhalt mit dem Weiterempfehlen und Besprechen von Produkten und Dienstleistungen und sind zum Teil stark umstritten. Andere verleitet eine besondere Leidenschaft dazu, ein Thema zum Mittelpunkt ihrer Aktivitäten im Netz und auf Social-Media-Plattformen zu machen. Wieder andere haben vor allem den Ehrgeiz, möglichst viele Follower zu sammeln – Themen sind eher zweitrangig.

Im Marketingmix sind Influencer eine feste Größe. Aber auch in anderen Zusammenhängen übernehmen sie Kommunikationsaufgaben. Das gilt beispielweise für die B-2-B Kommunikation, wo sie mit ihrer Experstise Orientierung stiften, und in der internen Kommunikation, wo Influencer Themen treiben, Diskussionen anregen und Botschaften auf Augenhöhe vermitteln.

Die Zusammenarbeit mit Influencern hat für Kommunikationskampagnen Vorteile, bedeutet aber auch Einschränkungen beziehungsweise Herausforderungen.

Die Vorteile sind:

- **Influencer schaffen Nähe:** Influencer verringern die Distanz zwischen Zielgruppen und Organisationen. Sie vermitteln soziale Nähe und erzeugen Vertrauen, da sie nicht die Organisation repräsentieren, sondern als eigenständige Personen wahrgenommen werden. Sie können Themen häufig viel direkter ansprechen.

- **Hohe Reichweiten:** Einige Influencer haben enorme Followerzahlen und schaffen damit deutlich mehr Reichweite als klassische Medien.

Plantfuencer

Einige Themen bekommen so viel Rückenwind durch Influencer, dass neue Schwerpunkte entstehen. So widmen sich zum Beispiel Petfluencer dem Thema Haustiere oder Plantfluencer dem Thema Garten und Pflanzen. Letztere haben zunächst in den USA, dann aber auch zunehmend in Europa, einen Hype um Zimmerpflanzen ausgelöst. Plantfluencer pflegen, züchten, vermehren, säen, pfropfen, graben, pikieren, pflanzen und gießen vor der Kamera. Der Urban Jungle in den eigenen vier Wänden ist ihre große Leidenschaft. Egal ob vertikales Salatbeet, Kakteendickicht auf der Fensterbank oder Yucca im Kübel; ob in Pflanzen-Etageren, ausrangierten Blechdosen oder der wiederentdeckten Blumenampel: Indoor-Gardening ist Kreativität und Begeisterung für Pflanzen. Wer sie teilen will, tritt Houseplant Clubs bei. Dort sind auch viele zu finden, die sich keine Wohnung mit Garten leisten können.

- **Zielgenaue Ansprache:** Über Influencer können Organisationen ihre Zielgruppen genauer ansprechen. Für praktisch alle gesellschaftlichen Themen, Branchen und Marktsegmente finden sich Influencer im Netz.
- **Messbarer Erfolg:** Mit Hilfe von Likes, Klicks und der Kommentarfunktion können Organisationen leicht verfolgen, wie die Inhalte aufgenommen werden. Mit entsprechender Vorbereitung machen Conversion Rates den Erfolg sehr präzise messbar.

Die Herausforderungen sind:

- **Genaue Passung:** Influencer müssen zur Zielgruppen passen. Und das, was sie vermitteln, muss mit der gesendeten Botschaft kompatibel sein.
- **Abgabe von Kontrolle:** Influencer sind, wie alle Medien, keine Werkzeuge, die sich steuern oder beeinflussen lassen. Wenn sie so behandelt werden, kann die Meinungsmacht sich auch gegen die Organisation richten.
- **Wenn Geld fließt, kann Kommunikation über Influencer teuer werden.** Je populärer die Influencer, desto höher die Preise. Eine Influencer-Kampagne muss sich lohnen.
- **Skandale:** Skandale über (insbesondere bezahlte) Influencer-Kommunikation und die Verbreitung von Fake News sind regelmäßig Thema in den Medien.

Zielgruppen priorisieren

Nicht immer haben alle Zielgruppen für die Lösung der Aufgabe den gleichen Stellenwert. Umso wichtiger ist es, sie nach ihrer Bedeutung für das Konzept zu unterscheiden. Wie kleinteilig und umfassend Zielgruppen benannt

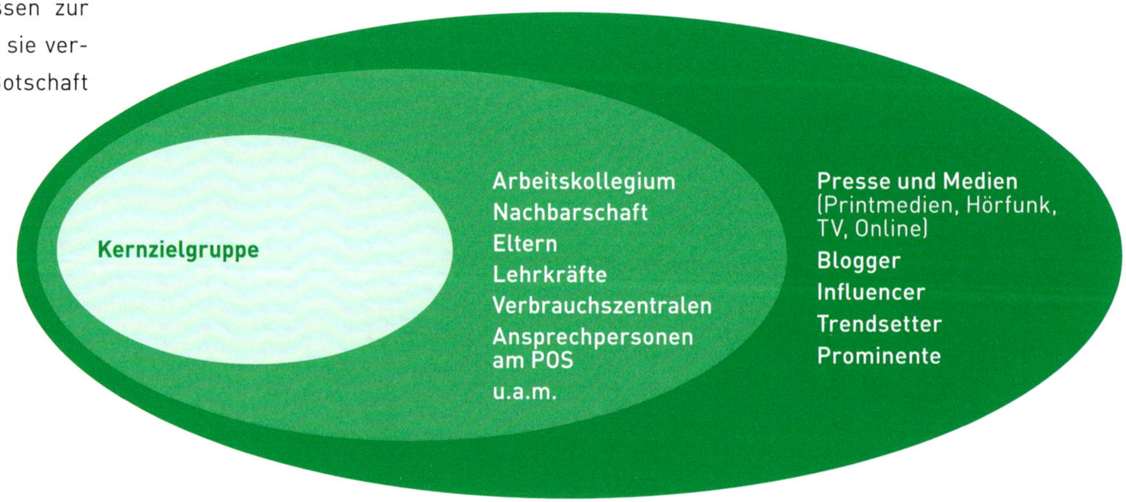

Abbildung 14: Mehrstufige Kommunikation

werden, hängt von ihren Kommunikationsbedürfnissen und dem Kommunikationsverhalten ab. Insbesondere Konzepte zur Veränderungskommunikation beinhalten häufig eine Vier-Felder-Matrix mit den Achsen „persönliche Betroffenheit" und „sachliches Einverständnis". Daraus ergeben sich vier Zielgruppen: diejenigen, die besonders skeptisch sind, die bremsen, die in den Widerstand gehen und die unterstützen. Die Clusterung anhand von Grundeinstellungen und Erwartungen (s. Abbildung) kann auch schon in der Analyse dazu dienen, die relevanten Zielgruppen nach ihrer jeweiligen Disposition zu betrachten. Die Matrix gibt Außenstehenden – insbesondere bei der Präsentation des Konzepts – einen schnellen Überblick über die Bezugsgruppen. Die Anspruchsgruppenmatrix von Ackermann/Eden (Abb. 15) ist ein weiterer Vorschlag, Zielgruppen nach ihrem Einfluss auf den Kommunikationsprozess und dem Interesse am Thema zu priorisieren. Die Zielgruppen werden von A nach D in absteigender Intensität oder zeitlicher Staffelung angesprochen und eingebunden.

Zur Priorisierung von Zielgruppen dient die Anspruchsgruppenmatrix:

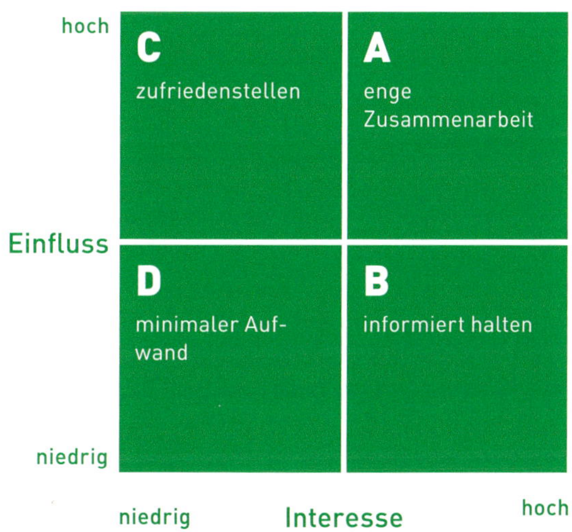

Abbildung 15: Mögliche Priorisierung durch eine Anspruchsgruppenmatrix[16]

Leseempfehlungen

Ackermann, Fran; Eden, Colin: Making strategy. Mapping out strategic success. 2nd edition, London: Sage, 2011.

Arendt, Hannah: Vita activa oder Vom tätigen Leben. Ungekürzte Taschenbuchausgabe, 19. Auflage, Piper 3623, München Berlin Zürich: Piper, 2018.

Fraser, Nancy: Umverteilung oder Anerkennung? Eine politisch-philosophische Kontroverse. Suhrkamp Taschenbuch Wissenschaft 1460. Frankfurt am Main: Suhrkamp, 2003.

Noelle-Neumann, Elisabeth: Die Schweigespirale. Öffentliche Meinung – unsere soziale Haut. 6., erw. Neuauflage, München: Langen Müller, 2001.

Sennett, Richard: Verfall und Ende des öffentlichen Lebens. Die Tyrannei der Intimität. Übersetzt von Reinhard Kaiser. 14. Auflage, ungekürzte Ausgabe, Fischer 7353. Frankfurt am Main: Fischer-Taschenbuch-Verlag, 2004.

Anmerkungen

1 Vgl. Habermas: 1981

2 Vgl. Sennett, Richard: Zusammenarbeit. Was unsere Gesellschaft zusammenhält. Übersetzt von Michael Bischoff. München: Hanser, 2012.

3 Vgl. Arendt, Hannah: Vita activa oder Vom tätigen Leben. Ungekürzte Taschenbuchausgabe, 19. Auflage, Piper 3623, München Berlin Zürich: Piper, 2018.

4 Vgl. Fraser, Nancy: Umverteilung oder Anerkennung? Eine politisch-philosophische Kontroverse. stw 1460. Frankfurt am Main: Suhrkamp, 2003.

5 Vgl. Noelle-Neumann, Elisabeth: Die Schweigespirale. Öffentliche Meinung – unsere soziale Haut. 6., erw. Neuauflage, München: Langen Müller, 2001.

6 Vgl. Habermas: 1991

7 Gossage, Howard Luck: The book of Gossage: a compilation, which includes „Is there any hope for advertising?" Copy Workshop, Chicago, IL. 1995.

8 Vgl. Sinus Markt- und Sozialforschung GmbH. http://www.sinus-institut.de/sinus-loesungen/sinus-milieus-deutschland/; https://www.youtube.com/watch?v=6YJzg4dtBBc [20.07.2020]

9 Vlasic, Andreas: https://link.springer.com/chapter/10.1007/978-3-322-80546-1_3.

10 Vgl. BDZV https://www.bdzv.de/maerkte-und-daten/marktdaten/zeitungen-in-zahlen-und-daten/ [17.07.2020].

11 Vgl. Verband österreichischer Zeitungsverleger (vöz). https://voez.at/news/2019/reuters-medien-trend-report-2019/ [17.07.2020]

12 Vgl. Verlegerverband Schweizer Medien https://www.schweizermedien.ch/zahlen-fakten/branchendaten [17.07.2020]

13 Vgl. Arbeitsgemeinschaft Media-Analyse e.V.: Entwicklung der Anzahl der öffentlich-rechtlichen und privaten Radiosender in Deutschland in den Jahren von 1987 bis 2020. Zitiert nach de.statista.com. https://de.statista.com/statistik/daten/studie/36329/umfrage/radiosender-anzahl-oeffentlich-rechtliche-und-private-seit-1987/; https://de.statista.com/statistik/daten/studie/158624/umfrage/anzahl-der-programme-im-deutschen-fernsehen/ [17.07.2020]

14 Vgl. Rundfunk und Telekom-Regulierungs-GmbH: https://www.rtr.at/de/m/VeranstalterTVProg [17.07.2020]

15 Vgl. Bundesamt für Statistik der Schweizer Eidgenossenschaft. https://www.bfs.admin.ch/bfs/de/home/statistiken/kultur-medien-informationsgesellschaft-sport/medien/medienangebot-nutzung/fernsehen/fernsehnutzung-sender.assetdetail.13347069.html [17.07.2020]

16 Ackermann, Fran; Eden, Colin: Making strategy. Mapping out strategic success. 2nd edition, London: Sage, 2011: 183.

KAPITEL 8

Säen, aber was? Positionierung und *Botschaften* festlegen

In diesem Abschnitt des Konzepts werden die Grundlagen für Inhalte, Themen, Argumentarien, aber auch für die Kommunikation von Nutzen und Sinn des Handelns einer Organisation gelegt. Positionierung und Botschaften sind die inhaltliche Zielsetzung des Kommunikationsauftrags. Sie beantworten die Frage, wofür der Bezugsgegenstand des Konzepts in der Wahrnehmung der Zielgruppen stehen soll.

Davon abgeleitet entstehen die Botschaften, Themen und Argumente, die jeweils auf die Bedürfnisse von Teil-Zielgruppen zugeschnitten sind. Sie müssen in der Summe auf die gewünschte Positionierung einzahlen.

Für die Kommunikationswissenschaftlerinnen Claudia Mast und Simone Huck-Sandhu[1] spielen Werte die zentrale Rolle für die Definition einer Positionierung:

- **Werte der Organisation** wirken als Orientierungsmarke nach innen und außen und müssen deshalb offensiv kommuniziert werden. Die Werte haben Zielqualität für erwünschtes Verhalten und stellen eine gemeinsame Verpflichtung aller Beteiligten gegenüber der Organisation dar.

- **Image, Reputation und Marke** verweisen auf Aspekte dieser Werte und beeinflussen Wahlmöglichkeiten und Handlungsoptionen der Zielgruppen. Sie steuern deren Verhalten. Je ähnlicher sich zum Beispiel Produkte sind, umso wichtiger werden immaterielle Argumente wie die Bekanntheit oder das Image für die Entscheidungsfindung der Zielgruppen.

- **In Change-Prozessen und Transformationen** wird die Veränderung selbst positioniert. Sinn, Nutzen und Auswirkungen müssen kommuniziert werden, um Projekte erfolgreich umzusetzen und Innovationen zu schaffen.

Die Positionierung muss mit den angestrebten Werten einer Organisation kongruent und gleichzeitig mit den Haltungen und Werten der Zielgruppen kompatibel sein. Die daraus abgeleiteten Botschaften beziehungsweise Kommunikationsinhalte bringen dementsprechend die Absichten und wünschenswerten Verhaltensweisen von Organisationen zum Ausdruck. Sie werden mit Informations- und Themenangeboten in ihrem Umfeld sowie den Interessen und Erwartungen der Zielgruppen gekoppelt.

Der traditionelle Zwerg mit Schubkarre oder Laterne macht deutlich, dass in einer (Ziel-) Gruppe von Menschen eine klare und im Prinzip übereinstimmende Vorstellung, Meinung beziehungsweise Überzeugung von seiner Bedeutung vorherrscht. Bei einer ungestützten Umfrage würde diese Überzeugung in individuellen, aber vergleichbaren Aussagen zum Ausdruck kommen. Die Summe dieser

IST-Positionierung: Zweiter Zaun

Traditionelle Gartenzwerge sind nicht besonders wandlungsfähig. Ihr Marktsegment ist klar umrissen: Ihr Platz ist in Schrebergärten oder verhältnismäßig vorgestrigen Vorgärten. Hier führen sie zwischen Zierspringbrunnen, Bambis und Keramikfröschen ein relativ buntes, aber auch genügsames Dasein. Trotzdem haben sie eine wichtige Funktion, denn sie stehen für den Frohmut und das Traditionsbewusstein des klassischen Kleingartenlebens. Traditionelle Keramikzwerge stellen also einen bestimmten Lebensentwurf zur Schau, indem sie außerdem eine Aufgabe erfüllen: Sie beleben, schmücken und beschützen den Schrebergarten-Mikrokosmos wie ein zweiter Zaun. Das ist ihre Kernbestimmung oder Ist-Positionierung. Sie ist im Denken vieler Menschen fest verankert und lässt sich nicht einfach ändern. Können sich andere Zwerge, die einerseits ganz anders aussehen, andererseits aber eindeutige Gartenzwergmerkmale aufweisen, davon emanzipieren? Was macht sie so einmalig? Wir werden sehen.

Aussagen und Zuschreibungen bildet, beziehungsweise bestätigt die Ist-Positionierung. Unabhängig von der Qualität gilt das für alle Organisationen, Produkte, Projekte, Themen, Personen etc. Sie sind positioniert, das heißt, sie werden mit bestimmten Attributen verbunden. Damit ist noch nicht gesagt, dass diese Zuschreibungen auch zutreffend und wünschenswert sind oder ausreichen, um sich in einem kommunikativen Wettbewerb von anderen Positionen abzugrenzen.

8.1 Oase, nur anders: die Soll- oder Re-Positionierung

Im Kommunikationskonzept sind Botschaften die zu vermittelnden Kommunikationsinhalte. Sie haben einen unterschiedlichen Differenzierungsgrad – je nach Aufgabe und Zielgruppe. Dachbotschaften sind diejenigen Aussagen in der Positionierung, die in allen Köpfen ankommen sollen. Davon leiten sich nachgeordnete Teilbotschaften ab, die die kulturellen, wirtschaftlichen oder gesellschaftlichen Unterschiede (Haltungen, Interessen und Erwartungen) der Zielgruppen berücksichtigen. Das geschieht durch sprachliche und argumentative Differenzierung, wie im folgenden Abschnitt erläutert wird. Im Anschluss entstehen abgeleitete, verdichtete Argumentarien wie zum Beispiel Positionspapiere, Basistexte, Facts & Figures oder Whitepaper. Der ganze Aufbau von der Positionierung bis zu den textlichen Produkten ist im „Message House" dargestellt (Abb. 16). Er sichert die inhaltliche Schlüssigkeit und Stimmigkeit aller drei Ebenen ab. Widersprüche oder gegenläufige Aussagen, die zu Irritationen und Inkongruenz führen könnten, lassen sich unmittelbar identifizieren.

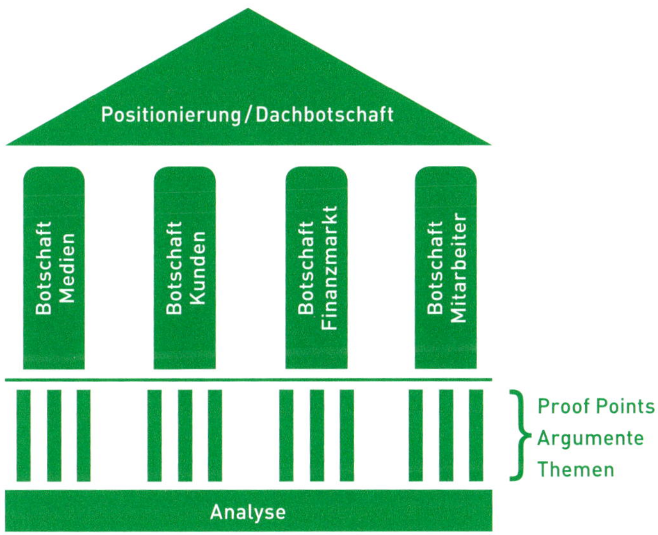

Abbildung 16: Message House

Äußere Umstände verändern sich ständig und damit auch Positionierungsräume und die Potenziale, die sich mit ihnen verbinden. Auch interne Veränderungen erfordern eine Revision der kommunikativen Ausrichtung.

Eine Re-Positionierung ist die planvolle Korrektur eines bestehenden Bildes. Bei dieser Erneuerung besteht die Gefahr eines Bruchs.

Exkurs: Das Leitbild als realistisches Ideal

In Abgrenzung zur Positionierung ist ein Leitbild die schriftliche Erklärung einer Organisation über ihr Selbstverständnis, ihre zugrundeliegenden Werte des Handelns und ihre Grundprinzipien. Es formuliert einen Zielzustand beziehungsweise ein realistisches Idealbild. Nach innen soll ein Leitbild handlungsleitend sein und Orientierung geben. Auf die Organisation und ihre Mitglieder soll es motivierend wirken. Leitbilder interpretieren die gemeinsamen Werte und machen sie verständlich und besprechbar. Nach außen zeigen sie, wofür eine Organisation steht. Sie stellen damit auch die Basis für die Corporate Identity dar. Leitbild, Mission und Vision einer Organisation ergänzen sich in ihrem Fokus:

- Mission: Was will die Organisation erreichen?
- Vision: Wofür steht sie als Gemeinschaft?
- Leitbild: Welche Werte und Prinzipien leiten das Handeln?

Ein Leitbild ist Teil eines normativen Managements und bildet den Rahmen für Strategien, Ziele und operatives Handeln. Unternehmensphilosophie oder Geschäftsphilosophie sind

Kongruenz und Inkongruenz in der Kommunikation

Kongruent bedeutet übereinstimmend. Friedemann Schulz von Thun[2] spricht von inkongruenten Nachrichten in der Kommunikation, wenn verbale und nonverbale Signale sich widersprechen, die Körpersprache also etwas anderes aussagt als die gewählten Worte. In der Organisationslehre fordert das Kongruenzprinzip, dass Aufgaben nur dann an nachgeordnete Stellen delegiert werden dürfen, wenn diese Stellen ausreichend kompetent für ihre Umsetzung sind. Aufgabe, Verantwortungsgrad und Kompetenz müssen deckungsgleich sein. Handelt eine Person (zum Beispiel rauchende Ärztin) oder Organisation (zum Beispiel Krankenkasse mit schlechter Kantine) widersprüchlich zu dem, wofür sie steht oder als was sie auftritt, ist das Verhalten inkongruent zur Positionierung. Kommunikationskrisen gehen häufig auf Inkongruenz zurück. Ein Sportartikelhersteller, der sich Fairness auf die Fahne schreibt, Rekordumsätze verkündet, dann aber einer Krise die Mietzahlungen für seine Filialen aussetzt, um Kosten zu senken, agiert widersprüchlich.

Greenwashing

Greenwashing bezeichnet eine irreführende, inkongruente Kommunikation: Ein Unternehmen verleiht sich ein grünes, umweltfreundliches und verantwortungsbewusstes Image, das mit seinen Produkten und seinem Verhalten (zum Beispiel Lieferkette, Produktionsweise, Achtung von Rechten) aber (überwiegend oder größtenteils) nicht übereinstimmt. Falsche Aussagen, fehlende Nachweise, versteckte Mängel, missverständliche Labels u.a.m. sind Methoden des Greenwashing.

Die *neue Zwerge* **treten aus dem Positionierungsraum der traditionellen Gartenzwerge heraus, haben aber noch kein eigenes Terrain. Eine** *Soll-Positionierung* **legt fest, als was etwas oder jemand in** *Zukunft* **wahrgenommen werden soll.**

Akku-Rasenmäher: Kombination weniger Merkmale

Produkte sind sich ähnlich beziehungsweise unterscheiden sich im Vergleich meist nur durch wenige Merkmale. Die Ergänzung von immateriellen Argumenten wie Bekanntheit oder Image ist eine Möglichkeit, die Entscheidungsfindung zu lenken. Auch durch die besondere Kombination materieller Merkmale lässt sich Alleinstellung vermitteln.

Ein Untersegment von Rasenmähern sind Akku-Rasenmäher, also solche mit elektrischem Antrieb, aber ohne Kabel. Ihre Unterscheidungsmerkmale treffen zum Teil auf alle Rasenmäher und zum Teil nur auf Akku-Rasenmäher zu, zum Beispiel:

- maximale Schnitthöhe: 60 mm? 70 mm? 100 mm?
- Schnittbreite: 32 cm? 43 cm? 51 cm?
- Räderbeschaffenheit: breit und rasenschonend?
- Gehäuse: hochwertig und schlagfest?
- Rasenfläche: 150 qm?
  200 qm? 600 qm?
- Schnittbreite
- Mulchfunktion: vorhanden?
- Schalldruckpegel: leise oder eher laut im Betrieb?
- Fangkorbvolumen: 30 l? 50 l? 60 l?
- Akku-Kapazität: 2,0 Ah? 2,5 Ah? 4,0 Ah?
- Akku-Ladezeit: 60 m? 90 m? 120 m?
- Gewicht inkl. Akku: 9 kg? 18 kg? 29 kg?

Bei der Positionierung in diesem Segment geht es also darum, eine besondere Kombination zutreffender Eigenschaften herauszustellen, zum Beispiel

„Der Leiseste und Leichteste mit der längsten Laufzeit."

Die Positionierung ist zur Abgrenzung von Akku-Rasenmähern geeignet, die

- leicht sind, aber lauter im Betrieb und kürzer in der Laufzeit,
- leise sind, aber schwerer und kürzer in der Laufzeit,
- eine ebenso lange Laufzeit haben, aber schwerer sind und lauter im Betrieb.

In der Positionierung steckt außerdem eine Alliteration, die kreativ genutzt und beispielweise zu **3L** verdichtet werden kannt. Diese kreative Zuspitzung oder Überhöhung wird zur strategischen Leitidee.

Synonyme. Die Kritik an Leitbildern geht in zwei Richtungen: Entweder stoßen die formulierten Inhalte komplett oder zum Teil auf Ablehnung. Oder aber es handelt sich um eine Sammlung von Allgemeinplätzen. Gelegentlich sind Leitbilder auch zu umfangreich (nichts Wichtiges sollte vergessen werden) oder zu kompromisshaft. Leitbilder sollten kooperativ entstehen und die Stimmen aller relevanten Teile einer Organisation in einem gemeinsam aufgelegten und moderierten Prozess einbeziehen.

8.2 Flower Power: sprachliche Verdichtung und kreative Leitidee

Die Positionierung von Organisationen, Themen, Projekten, politischen Vorhaben etc. ist überwiegend komplexer als im Produktbeispiel dargestellt. Im Ergebnis ensteht ein hoch verdichteter Kurztextes, der (z.B. in der Politik oder Kultur) den Charakter eines Manifests haben kann. Sprachliche Präzision ist in diesem Kapitel des Konzeptes eine Kernanforderung. Häufig geht es darum, Neologismen, also neue Begriffe, zu schöpfen oder Claims zu entwickeln, die die Positionierung in verdichteter Form nach außen transportieren.

USP Unique Selling Proposition

Der Begriff wurde 1940 geprägt und bezeichnet im Marketing ein einzigartiges Nutzungsversprechen für ein Produkt, das in Ergänzung zu seinem Basisnutzen (jeder Rasenmäher mäht) oder einem besonderen Zusatznutzen (er kann zusätzlich mulchen) tatsächlich besteht und es von anderen Produkten deutlich abgrenzt. Der Kommunikationsberater Joachim Klewes spricht auch von der UCP, Unique Communications Proposition, um klarzumachen, dass es eben nicht nur um den Verkauf von Produkten, sondern ebenso um die Wahrnehmung von Organisationen, Themen, Personen, Dienstleistungen, politischen Vorhaben etc. geht.

Manfred Bruhn unterscheidet in seinem Klassiker zur Unternehmens- und Marketingkommunikation Positionierung und kommunikative Leitidee: „Mit dem Ziel, die Inhalte der Positionierung leicht verständlich, schnell erlernbar und damit möglichst effektiv an die Zielgruppen zu transportieren, ist die strategische Positionierung in eine kommunikative Leitidee zu übersetzen. Sie zieht sich durch den zu planenden Kommunikationsprozess, schafft Orientierung und Wiedererkennung und stärkt die gewünschte Zuschreibung. In ihr sind als Grundaussage die wesentlichen Merkmale eines Unternehmens (und seiner Leistungen) beziehungsweise des Bezugsobjektes der Kommunikation enthalten. Analog zur Positionierung gilt auch die kommunikative Leitidee übergreifend für sämtliche Zielgruppen."[3]

> **„Der** *gestylte Garten* **kommt mir vor wie eine** *Besserungsanstalt* **für die Natur."**
>
> Thomas Häntsch (*1958), Fotograf

Kulturelle Artefakte: Mähst Du schon?

Sprache ist, wie oben beschrieben, eine von drei Möglichkeiten, die Positionierung zu einer kreativen Leitidee zu verdichten. Eine zweite Möglichkeit ist die Verwendung einer bestimmten Tonalität oder kultureller Artefakte in der Kommunikation. Angenommen, der Rasenmäherhersteller (s. Seite 148) ist ein schwedisches Unternehmen und nutzt die schwedische Duz-Kultur als Positionierungsmerkmal im Wettbewerb, dann wäre das konsequente Duzen sämtlicher Stakeholder eine Leitidee, die sich durchzieht. Sie geht auf die strategischen Entscheidung „Herkunft zum Wettbewerbsfaktor machen" zurück.

Symbole, Metaphern, Bilder: Sonnenblumen und fleißige Bienen

Die dritte Möglichkeit für strategische Leitideen ist die Verwendung von Symbolen, Metaphern oder Bildern. Im Alltag sind sie allgegenwärtig: Von der Aids-Schleife über Wappentiere, Länderflaggen, Aktionslogos oder Piktogramme bis hin zu politischen Symbolen wie der Rose der Sozialdemokraten und der Sonnenblume der Grünen. Die Positionierung wird hier zu einem visuellen Element verdichtet. Organisationen nutzen für Veränderungsprojekte visuelle Leitideen aus dem Sport: zum Beispiel Bergsteigen, Mannschaftsspiele, Boxenstopp oder Tanz. Auch die Tier- und Pflanzenwelt bietet Vorlagen für Bilder und Metaphern. Der leichteste und leiseste Akku-Rasenmäher mit der längsten Laufzeit könnte in seiner Produktgattung zur „fleißigen Biene" werden.

Exkurs: Framing: Was bleibt hängen?

Der Begriff Framing (von englisch frame: „Rahmen") bezieht sich auf Deutungsrahmen im Gehirn, die bei der Sprachinterpretation eine wesentliche Rolle spielen. Jeder Mensch ver-

> **„Ein Garten ist eine** *Akademie* **der** *blühenden Künste.***"**
>
> Gabriele Renate Pyhrr (*1964), Autorin

steht und verarbeitet Informationen aufgrund individuell erworbener oder gesellschaftlich gebräuchlicher Wissensstrukturen. **Worte prägen die Wahrnehmung und formen Wirklichkeit, indem sie im Gehirn in Deutungsraster eingebettet und bewertet werden. Das geschieht unwillkürlich und überwiegend unbewusst.[4] Es gibt keine wertfreie Sprache.** Die Hirnforschung (vgl. Wehling und Lakoff) belegt: Worte können dem erwünschten Verständnis im Weg stehen. Das bedeutet umgekehrt: Der gezielte beziehungsweise bewusste Einsatz von Sprache kann Wahrnehmung auch verändern. Einige Regeln sollen das verdeutlichen:

- Angenommen, die Kleingartenkolonie hat sich vorgenommen, künftig kollektiv auf den Einsatz chemischer Unkrautvernichter zu verzichten und titelt: „Abschied von Herbiziden", dann bleibt es in dieser Formulierung doch ein trauriger Schritt. Denn Abschiede sind schmerzvoll. Achten Sie auf jedes Wort! Worte können eine gewünschte Handlung unterstützen oder beeinträchtigen. Sinnvoller wäre beispielsweise die Aussage: „Wir schützen unsere Pflanzen vor Herbiziden."
- Die Aussage: „Die Revitalisierung der Vegetation ist evident." bleibt unverständlich. Schreiben Sie bildreich beziehungsweise an die Sinne gerichtet statt abstrakt. Nur das, was wir hören, sehen, riechen, schmecken und fühlen können, ist unmittelbar verständlich und in unserem Gehirn mit Bedeutung vernetzt. In Bildern sind Werte gespeichert. Ein möglicher Alternativausdruck, der ins Ohr geht, wäre: „Der Garten summt wieder."
- Von der Aussage: „Gartenzwerge sind nicht spießig." bleibt leider „spießig" hängen. Der Grund ist die Negation. Verzichten Sie dort auf Negationen, wo sie in den Köpfen das Gegenteil bewirken (recruitment learning). Sie halten sich außerdem selbst davon ab, visionär zu formulieren. Eine positive Formulierung wäre beispielsweise: „Gartenzwerge sind Kultfiguren."
- Die Entgegnung: „Die Kritik an der Heckenhöhe ist lächerlich." verrät Abstand von denen, die die Heckenhöhe verändern möchten. Kritik gehört zur demokratischen Debatte. Bleiben Sie trotzdem in der Nähe! Empathie ist enorm wichtig. Distanz und Abwertung werden leicht als selbstbezüglich beziehungsweise als Überheblichkeit gewertet. Entgegnen Sie besser: „Es spricht auch einiges dafür, die Heckenhöhe beizubehalten. Niedrige Hecken ermöglichen Weitblick."

> **„Der *Garten* ist ein Verlag, der *keine Arbeit* ablehnt."**
>
> Manfred Hinrich (1926 – 2015), Dr. phil., deutscher Philosoph, Philologe, Lehrer, Journalist, Kinderliederautor, Aphoristiker und Schriftsteller

- Wenn Sie in einer Rede bei der Mitgliederversammlung sagen: „Es ist wichtig, dass das Wegesystem repariert und erweitert wird.", sprechen Sie über eine Maßnahme, die an und für sich keinen Wert hat. Vermitteln Sie Werte statt ausschließlich Fakten! Beantworten Sie systematisch das Warum statt nur das Was und Wie. Warum ist das Wegesystem wichtig? „Das Wegesystem verbindet unsere Gärten ..."

- Wenn Sie fordern: „Laute Laubbläser sollten verboten werden!" bleibt Ihre Aussage vage. Das liegt an der Möglichkeitsform (sollte, hätte, würde). Formulieren Sie besser apodiktisch (mit Wahrheitsanspruch)! Die Möglichkeitsform lässt sich durch einfachen Widerspruch leicht entkräften. Sagen Sie zum Beispiel: „Laubbläser sind laut. Und laut ist out."

8.3 Knackige Karotten: rhetorische Stilmittel und Kreativtechniken

Rhetorische Stilmittel sind Teil der Sprachkompetenz, die in diesem Kapitel, aber auch bei der Präsentation, von Bedeutung ist. Eine Auswahl von Stilmitteln verdeutlicht, wie die Kraft der

Stilmittel	Definition	Beispiel
Akkumulation	nicht abschließende Aufzählung	• Es brummt, summt, zirpt, zwitschert ... • Ich liebe Schmetterlinge, Hummeln, Bienen, Libellen ...
Allegorie	Steigerung der Metapher, meist mit kulturell gewachsener Bedeutung	• Garten Eden • Friedenstaube • Jungbrunnen
Alliteration	mindestens zwei aufeinanderfolgende Wörter mit demselben Anfangslaut	• knackige Karotten • der Garten der Generationen • Gärten des Grauens
Anapher	Wortwiederholung am Satzanfang	• Ständig beschwert sich jemand: Wehe die Hecke wird zu spät geschnitten, wehe die Pollen fliegen aufs Nachbargrundstück, wehe der Kompost riecht. • Eine Laube ist ein Ruheraum, eine Laube ist Abstellkammer, eine Laube ist Küchennische.
Correctio	Korrektur einer Aussage	• Die Kirschen schmecken lecker. Ach was! Sie schmecken traumhaft. • Die Beete sehen aber ordentlich aus! Wahnsinnig ordentlich.
Enumeration	abschließende Aufzählung	• Arbeitseinsatz mit Schaufel, Hacke und Rechen • Morgens, mittags abends sind wir im Garten.

Stilmittel	Definition	Beispiel
Hendiadyoin	zwei Begriffe, die dasselbe meinen	Ich schäme mich in Grund und Boden. Das Unkrautjäten dauert gut und gerne zwei Stunden.
Hyperbel	starke Übertreibung	Im April explodieren die Farben im Garten. Der Mai ist gekommen. Die Bäume schlagen aus.
Ironie	Aussage, die eigentlich etwas anderes meint und auch so verstanden wird	Aus die Maus! Fertig ist die Laube! Um die Hecke gedacht
Klimax und Antiklimax	dreigliedrige Steigerung oder Abschwächung	Es keimt, wächst und sprießt. Sie liebt Bäume, Sträucher, Gänseblümchen.
Metapher	bildlicher Vergleich ohne „wie"	Das Pflanzenkleid der Erde Die Weichen für den Wechsel des Vereinsvorstands stellen Die Wurzel des Übels
Neologismus	Wortneuschöpfung	Indoor-Zwerg Beete-Boom
Onomatopoesie	Lautmalerei	Summ! Surr! Glitsch.
Oxymoron	zwei sich widersprechende Begriffe	Rosenkrieg teuflisch gute Tomaten

Sprache durch gezielten Einsatz zunimmt und wie Bilder entstehen. Die Übersicht stellt eine Auswahl mit Beispielen aus dem Garten dar und erinnert an Schulwissen, das wertvoll ist, aber häufig in Vergessenheit gerät.

Kreativtechniken: Ein Ausflug auf unbekanntes Terrain

Kreativtechniken können zu ungewöhnlichen Ideen inspirieren – wenn sie richtig eingesetzt werden. Das Ergebnis hängt unter anderem von den beteiligten Personen und ihrer Disposition ab. Verbreitete Vorbehalte oder Befangenheit behindern häufig spontanes Assoziieren und die Bereitschaft, Ideen offen zu äußern. Begabungen, Kenntnisse, Motivationen sind unterschiedlich ausgeprägt. Und nicht jede Umgebung fordert zu großen Ideen heraus. Auch wenn nicht immer eine Lösung entsteht, steigern Kreativrunden grundsätzlich die „Fitness" im freien Kombinieren. Das ist ein lohnender Nebeneffekt.

Klare Aufgabe, kurze Zeit

Sehr wichtig für den Erfolg von Kreativmethoden ist das Briefing. Kürze eignet sich besser als ausladende Vorgaben, die den kreativen Prozess behindern. Es geht um eine klar umrissene Aufgabenstellung (Beispiel: Gesucht werden möglichst viele Begriffe aus dem Garten) in Kombination mit einem knapp bemessenen Zeitrahmen von etwa 15 Minuten gilt quer zu allen Methoden als empfehlenswert, weil Zeitdruck fokussiertes Arbeiten unterstützt. Optional kann jederzeit eine zweite Runde folgen, wenn die erste im Ergebnis noch nicht zufriedenstellend war.

Gruppe und Moderation: Gezielte Vielfalt

Die meisten Methoden sind als Gruppenmethoden für 5 bis 10 Personen ausgelegt. Gruppenarbeit befördert einerseits die Zahl, aber auch die Vielfalt der entstehenden Ideen. Deshalb sollte die Gruppe möglichst heterogen zusammengesetzt sein. Bestenfalls übernimmt eine Person, die die eingesetzte Methode kennt, die Moderation.

Es geht immer um viel: Das Prinzip Quantität vor Qualität

Die vielzitierte „Schere im Kopf" entsteht durch die verbreitete Auffassung, Assoziationen müssten unmittelbar bestimmten Qualitätskriterien genügen. Noch bevor die Zensur der anderen greift, verhindert die Selbstzensur, eigene Ideen

Stilmittel	Definition	Beispiel
Paradoxon	Aussagen mit unauflösbaren Widersprüchen	- den Wald vor lauter Bäumen nicht sehen - Düngen mit Pferdeäpfeln? Im Rückschritt liegt der Fortschritt!
Parallelismus	gleiche Syntax in zwei aufeinanderfolgenden Sätzen	- Der Frühling kommt, der Rasen sprießt. - Herrlich ist der Sommer. Schön ist der Garten.
Pars pro toto	Ein Teil steht für das Ganze.	- Ein Leben zwischen Apfelbäumen und Heckenrosen - Bienen, Bohnen, Buchsbaum: Das ist mein Garten!
Personifikation	Vermenschlichung	- Die Wiese will Wasser. - Schwarzerde ist ein Geschenk der Natur. - Die Seele des Baums
Symbol	Bedeutungsträger, der Assoziationen auslöst	- Schneckentempo - Vogelperspektive
Synästhesie	Unterschiedliche Sinneseindrücke werden miteinander verbunden.	- das kühle Blau der Kornblumen - das strahlende Gelb der Sonnenblumen
Vergleich	mit „wie"	- Er zitterte wie Espenlaub. - Hier ist eine Luft wie im Gewächshaus.

zu äußern. Deshalb gelten bei jeder Suche nach Ideen die Prinzipien „Kommentieren verboten!" und „Quantität vor Qualität". So viel wie möglich in möglichst kurzer Zeit: das ist auf der Suche nach dem Ungewöhnlichen ein gewöhnungsbedürftiges, aber sinnvolles Vorgehen.

Runter von der Metaebene: Bewerten ohne Worte

Es ist überwiegend kontraproduktiv, die Ergebnisse eines Kreativprozesses im Anschluss direkt zu diskutieren und verbal zu bewerten. Meist werden nützliche Ideen, aus denen sich weiteres entwickeln kann, dabei zerredet. Außerdem lassen Teilnehmende in Diskussionen auf der Metaebene die Zielgruppe außer Acht, für die sie gerade arbeiten. Aus diesem Grund wird bestenfalls mittels Vergabe einer vorgegebenen Zahl von Punkten (zum Beispiel: 10) bewertet: Jede*r malt mit einem Stift einen oder mehrere Punkte auf die Karte(n)/neben die Idee(n), die sie*ihn am meisten überzeugen.

Empathie: Durch die Brille eines anderen sehen

Wenn es sich um eine gesuchte Idee für eine klar benennbare Zielgruppe handelt, macht es darüber hinaus Sinn, sich vor der Bewertungsrunde in eine Zielperson hineinzuversetzen. Beispiel: Gesucht wird eine Idee, die Jasmin (s. Zielgruppen/Persona) gefallen soll. Die Teilnehmer*innen schlüpfen in ihre Rolle und die ihrer Freunde. Sie versetzen sich in Plantfluencer und lokale Hörfunkredaktionen. Dabei hilft die Empathiekarte (Siehe Kapitel 7).

Die wichtigsten Methoden

In den vorangegangenen Kapiteln haben wir bereits die Mind-Map und die Provokationstechnik vorgestellt. Hier folgen einige weitere Methoden. Gerade bei den Techniken, die als bekannt vorausgesetzt werden können, ist es lohnenswert, sich die Mechanik wiederholt vor Augen zu führen.

Brainstorming: Kennt jeder, kann nicht jeder

Brainstorming ist eine von Alex F. Osborn 1939 erfundene und von Charles Hutchison Clark weiterentwickelte Methode, die die Ideenfindung in Gruppen fördern soll. Der Anspruch lautet: „Using the brain to storm a problem." Nach dem Briefing (siehe oben) protokolliert die Gruppenleitung die zugerufenen Ideen, die von allen anderen unmittelbar aufgegriffen und neu kombiniert werden können. Wie oben skizziert, geht es um Geschwindigkeit und Quantität. Kommentare, Korrekturen, Kritik sind verboten. Freies Assoziieren und Phantasieren ist ausdrücklich erwünscht, weil damit das Lösungsfeld wächst. Die Gruppe sollte in einer möglichst produktiven und erfindungsreichen Stimmung sein. Für einen effektiven und effizienten Einsatz von Brainstormings ist es von Vorteil, gruppendynamische Prozesse und Problemfelder zu kennen und ihnen gegebenenfalls entgegenzuwirken

Brainwriting: Brainstorming ohne Zuruf und Zugzwang

Alle Teilnehmenden sammeln und verschriftlichen für sich und in einem vorgegebenen Zeitfenster möglichst viele Ideen auf Karten – je Karte eine Idee. Brainwriting ist für die Ideenentwicklung in Gruppen geeignet, insbesondere, wenn Befangenheit herrscht, weil Kunde und Agentur oder Personen aus verschiedenen Hierarchiestufen zusammenkommen. Die Beiträge werden nach 5 bis 15 Minuten gesammelt, laut vorgelesen und in sinnvollen Clustern an einer (Pinn-)Wand präsentiert. Redundanzen werden gleich herausgefiltert. So entsteht eine anonymisierte „Ideengalerie" (zum Beispiel für einen Claim, der zu den Zwergen passt): „Maxi-Zwerge", „Zwerge im Salatbeet", „Du und Deine Blumenampel", „So gemütlich ist Wildwuchs", „Zwerge im Dschungelcamp" etc. In einer zweiten Runde können Ideen der anderen aufgegriffen und weiterentwickelt werden. Aus der Idee „Maxi-Zwerge" entstehen als nächstes „Maxi-Zwerge für Deine Mini-Wiese". Brainwriting ist eine Methode, die Gleichberechtigung fördert .

Die 6-3-5 Methode: 108 Ideen in 30 Minuten

6-3-5 steht für: 6 Gruppenmitglieder, die je 3 Ideen in jeweils 5 Minuten entwickeln. Innerhalb von 30 Minuten entstehen so 108 Ideen. Dazu erhält jede*r ein gleich großes Blatt Papier, das in 3 Spalten und 6 Zeilen aufgeteilt ist und formuliert in der ersten Zeile 3 Ideen (pro Spalte eine): „Zuhause-Zwerge", „Zwerge für innen", „Home-Zwerge". Nach 5 Minuten reichen alle gleichzeitig ihr Blatt im Uhrzeigersinn weiter. Der*die Nächste versucht, die bereits genannten Ideen aufzugreifen und fortzuführen: „Home-sweet-Home-Zwerge", „Indoor-Zwerge", „Heim-Zwerge". Die Methode hat den Charakter eines Spiels.

Die ABC-Liste: Buchstäblich brainstormen

Die Buchstabenliste des Alphabets auf einem Blatt Papier bietet eine feste Struktur und hilft beim Assoziieren, weil die Anfangsbuchstaben Begriffe triggern. Zu jedem Buchstaben notieren alle Teilnehmer*innen gleichzeitig beliebig viele Ideen, die mit eben diesem Buchstaben beginnen: „Apfelbaum", „Artisckocke", „Ameisenhügel". Leerräume sind erlaubt, Sprünge zwischen den Buchstaben sogar erforderlich. Buchstaben wie I/J, P/O und X/Y/Z können bei Bedarf in einer Spalte zusammengefasst werden. Beim Einsatz sollte auf einen möglichst konstanten Schreibfluss geachtet werden. Die ABC-Listen eignen sich auch für Gruppenarbeit mit Menschen unterschiedlicher Muttersprachen – in der eigenen Sprache fällt es leichter, Begriffe zu finden.

Semantische Intuition: Begriffswelten verbinden

Semantische Intuition ist eine Kreativitätstechnik, bei der durch Kombination von Wörtern aus unterschiedlichen „Begriffswelten" neue Ideen für Positionierung, Botschaften, Leitideen, Claims, Produktnamen, Überschriften, Texteinstiege etc. entstehen. Kombiniert man beispielweise Wörter aus der Welt des Gartens mit Begriffen aus der Wirtschaft, entsteht eine Reihe verdichteter Aussagen zum aktuellen Gartentrend: „Konjunktur der Karottenbeete", „Siegeszug der Hochbeete", „Stimmungshoch an der Beete-Börse", „Beete-Boom", „Hoch die Laube!", „Großstadtgärtner*innen investieren in Man-Gold" etc. Auf diesem Weg lassen sich spielend Neologismen entwickeln. Semantische Intuition ist eine Technik, die einerseits Bilder in bildkarge Welten wie Informatik („Datengarten") oder Verwaltung („Antragsblüte") befördert und außerdem Aussagen stärker im Gedächtnis verankert.

8.4 Raus aus dem Garten: Fokus auf Alleinstellungsmerkmale

Eine Positionierung ist eine planvolle Entscheidung für einen sicheren Platz im öffentlichen Raum, der noch nicht besetzt ist. Sie hängt vom Potenzial ab, das in der Analyse herausgearbeitet wurde. Als inhaltlicher Ausdruck der Alleinstellung eines Unternehmens, einer Organisation, eines Produktes, eines Themas oder Projektes präzisiert die Positionierung – zunächst

Von Ameise bis Zwiebel: Arbeit mit Begriffswelten

Dachpositionierung:
Indoor-Gartenzwerge

Die Gartenzwerge der Garten & Schmuck GmbH sind die ersten Indoor-Gartenzwerge. Sie verbinden als einzige Dekofiguren die Schutz- und Schmuckfunktion der Gartenzwerge mit der neuen Lust auf Indoor-Grün: große Zwerge für kleine Gärten. So wird die erste Wohnung grün und gemütlich.

Claim:
#IndoorGartenzwerge
MACH ES DIR GRÜN UND GEMÜTLICH!

Botschaften Kernzielgruppe:

#IndoorGartenzwerge sind die Deko für Deinen ersten Dschungel. Keiner passt so gut auf Deinen Indoor-Garten auf. MACH ES DIR GRÜN UND GEMÜTLICH!

#IndoorGartenzwerge sind dein Statement für gepflegten Wildwuchs in den eigenen vier Wänden. Natur macht happy. Hol sie rein. MACH ES DIR GRÜN UND GEMÜTLICH!

#IndoorGartenzwerge sind die Maxi-Zwerge für deine Mini-Wiese. Lass Farbe in Deine Oase! MACH ES DIR GRÜN UND GEMÜTLICH!

#IndoorGartenzwerge servieren Dir das Kleingarten-Glück direkt an die Hängematte. Mach Dein Zuhause immergrün. MACH ES DIR GRÜN UND GEMÜTLICH!

#IndoorGartenzwerge beschützen Deinen Zuhause-Garten. MACH ES DIR GRÜN UND GEMÜTLICH!

An den Botschaften wird deutlich, dass mit diesem Ansatz viele Spielvarianten möglich sind, die alle die Dachpositionierung tragen (siehe Message-House) . Umgekehrt bemisst sich die Qualität der Positionierung daran, wie viele stimmige Aussagen sich für Headlines, Claims, Hashtags, Copytexte später ableiten lassen.

als internes Übereinkommen – den angestrebten inhaltlichen Kommunikationsstatus. Sie stellt Qualitäten und Stärken heraus und vermittelt Einzigartigkeit.

Als was sollen die neuen Zwerge gesehen werden? Das ist die Frage. Für die Suche nach einer Idealposition ist entscheidend, dass sie einerseits keine Gartenzwerge sein können und für Menschen bestimmt sind, die keine Gärten haben. Andererseits müssen sie noch Anteile von Gartenzwerg-Eigenschaften behalten, weil das ihre Einzigartigkeit im Dekofiguren-Wettbewerb ausmacht.

Denkanstoß: Zur Positionierung

Eine Gärtnerei bietet zum Indoor-Dschungel fleischfressende Pflanzen – auch als Karnivoren oder Insektivoren bezeichnet – an. Sie können mit Hilfe umgewandelter Blätter Insekten fangen. Die neueste Züchtung ist eine Riesen-Kannenpflanze (Nepenthes), die eine Höhe von zwei Metern erreichen und auch Kleintiere verdauen kann. Damit verbessert sie ihre Versorgung mit Mineralstoffen, vor allem mit Stickstoff. Die Blätter der Pflanze sind mehrfarbig, länglich und ledrig. Die Kannen oder Fangtrichter enthalten eine saure Verdauungsflüssigkeit, werden bis zu 50 Zentimeter lang und schließen mit einem Deckel.
Die Pflanze ist immergrün. Im März bis September verströmen ihre Blüten einen intensiven und unangenehmen Geruch. Kannenpflanzen kommen am häufigsten auf Borneo und Sumatra, aber auch in Malaysia, Neuguinea und auf den Philippinen vor. Die Pflanze braucht einen sandig-steinigen Boden, viel Sonne und ein heißes, feuchtes Klima. Sie sollte deshalb vorzugsweise in Bädern mit Tageslicht oder in Terrarien gehalten werden.

Entwickeln Sie auf Grundlage dieser Fakten eine kreative Positionierung. Denken Sie zunächst über eine erfolgversprechende Zielgruppe nach. Als was soll diese Gruppe die Pflanze sehen? Zuletzt können Sie die Positionierung zu einem Claim verdichten (s. Beispiel Zwerge, S. 154).

Leseempfehlungen

Bruhn, Manfred: Unternehmens- und Marketingkommunikation: Handbuch für ein integriertes Kommunikationsmanagement. 2., vollst. überarb. und erw. Aufl. München: Vahlen, 2011.

Camphausen, Clemens, Tobias Dennehy, Björn Eichstädt, Diana Heinrichs, Claudia Hilker u. a.: Storytelling: digital – multimedial – social: Formen und Praxis für PR, Marketing, TV, Game und Social Media. Herausgegeben von Pia Kleine Wieskamp. München: Hanser, 2016.

Habeck, Robert: Wer wir sein könnten: Warum unsere Demokratie eine offene und vielfältige Sprache braucht. Köln: Kiepenheuer & Witsch, 2018.

Kleine Wieskamp, Pia (Hrsg.): Storytelling. Digital – multimedial – social. Formen und Praxis für PR, Marketing, TV, Game und Social Media. München: Hanser, 2016.

Lakoff, George; Wehling, Elisabeth: Auf leisen Sohlen ins Gehirn. Politische Sprache und ihre heimliche Macht. 4., um ein aktuelles Nachwort ergänzte Auflage, Heidelberg: Carl-Auer Verlag, 2016.

Löffler, Miriam: Think Content! Grundlagen und Strategien für erfolgreiches Content-Marketing. 1. Auflage, 6., korrigierter Nachdruck. Rheinwerk Computing. Bonn: Rheinwerk, 2018.

Mast, Claudia; Huck-Sandhu, Simone: Unternehmenskommunikation – ein Leitfaden. 4., neue und erw. Auflage. UTB Betriebswirtschaftslehre, Kommunikationswissenschaft 2308. Stuttgart: Lucius & Lucius, 2010.

Reins, Armin; Claßen, Veronika; Czopf, Géza: Text sells. Wie Sie Texte schreiben, die wirken. Wie Sie Unternehmen und Marken durch Sprache Profil geben. 2. Auflage, Mainz: Schmidt, 2015.

Rupp, Miriam. Storytelling für Unternehmen: Mit Geschichten zum Erfolg in Content Marketing, PR, Social Media, Employer Branding und Leadership. 1. Auflage. Frechen: mitp, 2016.

Wehling, Elisabeth. Politisches Framing: Wie eine Nation sich ihr Denken einredet – und daraus Politik macht. 1. Auflage, Berlin: Ullstein Taschenbuch Verlag, 2018.

Anmerkungen

1 Mast, Claudia; Huck-Sandhu, Simone. Unternehmenskommunikation – ein Leitfaden. 4., neue und erw. Auflage. UTB Betriebswirtschaftslehre, Kommunikationswissenschaft 2308. Stuttgart: Lucius & Lucius, 2010: 77.

2 Vgl. Schulz von Thun, Friedemann. Miteinander reden. Störungen und Klärungen. Psychologie der zwischenmenschlichen Kommunikation. Reinbek bei Hamburg: Rowohlt, 1981.

3 Bruhn, Manfred. Unternehmens- und Marketingkommunikation. Handbuch für ein integriertes Kommunikationsmanagement. 2., vollst. überarb. und erw. Auflage, München: Vahlen, 2011: 140.

4 Vgl. Lakoff, George; Wehling, Elisabeth. Auf leisen Sohlen ins Gehirn. Politische Sprache und ihre heimliche Macht. 4., um ein aktuelles Nachwort ergänzte Auflage. Kommunikation/Gesellschaft. Heidelberg: Carl-Auer Verlag, 2016..

KAPITEL 9

Bäume versetzen: die *Strategie* als Lösungsweg und Grundlage der Steuerung

Strategien sind konstitutiv für das Konzept. Sie wirken nachhaltig über alle Maßnahmen hinweg und können sogar über den konkret geplanten Kommunikationsprozess hinaus andauern. Sie bewirken nicht nur, dass bestimmte Dinge getan werden müssen, sondern führen auch zu ihrem Ausschluss. Sie antworten auf die Frage: Wie lassen sich die Ziele erreichen? Als roter Faden in Richtung Lösung verbinden sie alle taktischen Schritte miteinander. Strategien sind selbst keine Maßnahmen.

Strategien sind Richtungs- und Wegentscheidungen. Sie sichern die Stringenz des Instrumenteneinsatzes.

Im Konzept werden sie mit Zielen, Zielgruppen und der Positionierung abgeglichen. Die leitenden Fragen lauten:

- Ist die Strategie mit den Zielgruppen umsetzbar?
- Sind die Ziele mit der Strategie erreichbar?
- Lässt sich die Positionierung mithilfe der Strategie vermitteln?

Erst im Anschluss wird die Strategie in Maßnahmen übersetzt.

Strategien sind präzise Pläne, die in wenigen Worten zum Ausdruck kommen. Sie sind auf die spezifische Situation zugeschnitten und machen aus Schwächen Stärken; Risiken werden abgehalten. Strategien sind langfristig gültig und grundsätzlich.

9.1 Gesang der Krähe: vom Strategieprinzip zur strategischen Leitidee

Strategien sind das Ergebnis eines Ringens um den richtigen Weg, bei dem logisches Denken und Kreativität gefordert sind. Sie gehen in der Regel auf bewährte Strategieprinzipien zurück, die jedoch in eine auf den spezifischen Fall zugeschnittene Leitidee überführt werden. Das heißt: Das Strategieprinzip wird inszeniert. Kommunikationsstrategien sind immer Neuschöpfungen, nie Kopien oder Standards.

Frühe Liste der Listen: die 36 chinesischen Strategeme oder der Blick über die Hecke

Um zu verstehen, was Strategien sind, ist die Auseinandersetzung mit den 36 chinesischen Strategemen oder List-Prinzipien hilfreich. Bei den über 2.500 Jahre alten Strategemen handelt es sich überwiegend um Gewinn-Verlust-Strategien im Zusammenhang mit Kriegsmanövern. Der Begriff Strategie leitet sich von den griechischen Worten „stratos" = „Heer" und „agein" = „führen" ab. Die Strategeme lassen sich aber viel weitreichender verstehen und

Strategiekonformität

Der Begriff Konformität definiert in der Psychologie die Anpassung eines Individuums an ein Mehrheitsverhalten (Assimilation). Für die Strategieentwicklung dagegen meint der Begriff einen auf die Planung bezogenen notwendigen beziehungsweise logischen Abgleich zwischen einer strategischen Entscheidung und den geplanten beziehungsweise laufenden Maßnahmen und vorhandenen Strukturen. Die auf A.D. Chandler (1962) zurückgehende Aussage „Structure follows Strategy"[1] beschreibt das Prinzip dieser Ableitung für eine strategiekonforme Organisation: Nicht die Strukturen bestimmen die Strategie, sie werden aus ihr abgeleitet. Eine beschlossene Wegänderung muss demnach zu einer Veränderung der Strukturen führen. Im Kommunikationskonzept ist die Qualität des Instrumenteneinsatzes davon abhängig, wie genau die Maßnahmen der Strategie entsprechen, wie strategiekonform sie also sind. Das macht deutlich, dass Maßnahmen nicht an und für sich als gut oder schlecht bewertet werden können, sondern nur in Bezug auf eine Strategie. Dass Hannibal für seinen zweiten Punischen Feldzug mit dem Ziel, Rom zu erobern, Elefanten einsetzte, wird häufig als die Lösung des Problems herausgestellt. Davor aber stand die eigentliche strategische Entscheidung, über die Alpen zu gehen. Hätte er den Seeweg gewählt, wären die Elefanten nicht zielführend gewesen.

sind als Lösungsprinzipien auf die Kommunikation übertragbar. Sie zeigen wie bedeutend der Abgleich von innen und außen ist: neben der Betrachtung der eigenen Situation und Ziele ist die Kenntnis der Umfeldfaktoren notwendig, um zu einer Lösung zu kommen. Die „Liste der chinesischen Listen" soll in ihrer Systematik deutlich machen, wie weitreichend, wirkungs-

Abbildung 17: Von der Strategie über die Leitidee zur Taktik

Tom Sawyer und die Gartenzaun-Strategie: einen Plan aus der Situation ableiten

In Mark Twains Roman „Die Abenteuer des Tom Sawyer" von 1876 soll der Waisenjunge Tom für seine Tante Polly einen 30 Meter langen Holzzaun streichen. Es ist ein Samstag mitten im Sommer – wie dafür geschaffen, schwimmen zu gehen. Mit einem riesigen Pinsel und einem Eimer weißer Farbe ausgestattet, fängt der Junge schlecht gelaunt an zu arbeiten, bricht aber bald schon wieder ab. Wie soll er das jemals schaffen? Tom ist verzweifelt. Bis er eine Idee hat, die die Lage komplett verändert. Als nämlich Ben Rogers auftaucht und Tom dafür bemitleidet, dass er schuften muss, erklärt der: „Ich schufte doch gar nicht, das mache ich aus Spaß. Wann bekommt man schon mal die Chance, einen ganzen Zaun alleine anstreichen zu dürfen?" Ben vergisst vor Erstaunen vollkommen, dass er eben noch zum Schwimmen unterwegs war. Er bittet Tom darum, es auch einmal probieren zu dürfen. Als der gekünstelt zögert, bettelt Ben sogar und schenkt ihm schließlich seinen Apfel – alles nur, um endlich streichen zu dürfen. Am Ende streicht Ben den Zaun, während Tom im Schatten sitzt und den Apfel genießt. Weitere Jungen kommen, spotten, streichen und geben dafür ihre Schätze her: Murmeln, Glasscherben, tote Ratten. An der Aufgabe hat sich nichts verändert. Toms Ziel „Ich erlebe einen herrlichen Sommertag" hat sich voll eingelöst, weil er eine Strategie entwickelt hat.

- Strategie: Zaunstreichen in einem anderen Licht erscheinen lassen.
- Positionierung: Zaunstreichen ist unerreichbar.

Klatschmohn: Überlebensstrategie der Pflanzen

Pflanzen entwickeln Strategien, die langfristig wirken und ihr Überleben im Wettbewerb sichern. Klatschmohn beispielweise ist einjährig und muss sich gegen die harte Konkurrenz der mehrjährigen Pflanzen durchsetzen. Was tut die Pflanze? Der Mohn produziert eine ungeheuer große Zahl von Samen: bis zu 10.000. Außerdem überdauern diese Samen bis zu 30 Jahre im Boden und keimen nur bei guten Bedingungen.

Klug und kreativ: der Fuchs und die Strategie „Hochmut kommt vor dem Fall“

In Tierfabeln gilt der Fuchs als besonders schlaues Tier, das mit List arbeitet. Eines Tages hat er es auf die Beute des Raben abgesehen, der mit einem leckeren Stück Käse im Schnabel auf einem Ast sitzt. Der Fuchs, der das sieht, überlegt, wie er an den Käse kommen könnte. Dann hat er eine Idee: Er beginnt den Raben über die Maßen dafür zu loben, was für ein wunderbarer Vogel er sei. „Wenn dein Gesang genauso schön ist wie dein Gefieder, dann sollte man dich zum König aller Vögel krönen!“ Der Rabe ist schließlich so geschmeichelt, dass er vor Stolz loskrächzt. Dabei fällt ihm der Käse aus dem Schnabel. Der Fuchs unterm Baum muss nur zuschnappen.

- **Strategieprinzip: Jemanden bei seiner Eitelkeit packen (lässt sich auf mehrere Situationen übertragen).**
- **Strategische Leitidee: Den Raben für seine Schönheit und seinen Gesang so lange loben, bis er den Schnabel aufmacht (überträgt das Strategieprinzip auf die spezifische Situation mit dem Raben).**

voll und vielfältig die strategischen Möglichkeiten sind. Zurückhaltung kann ebenso Strategie sein wie Offensive. Anderen das Feld zu überlassen kann ebenso richtig sein, wie selbst zu handeln. Eine Auswahl der überlieferten Strategieprizipien soll das deutlich machen:

Strategem Nr. 1: Den Kaiser täuschen und das Meer überqueren

Jemanden vor vollendete Tatsachen stellen: Der Kaiser wird in ein Haus eingeladen, das sich später als Schiff erweist, und findet sich gegen den eigenen Willen auf dem Meer wieder.

Strategem Nr. 4: Ausgeruht den erschöpften Feind erwarten

Abwarten und Tee trinken: Sich erst dann ins Geschehen einmischen, wenn andere bereits erschöpft sind. Aus ihren Fehlern lernen.

Strategem Nr. 6: Im Osten lärmen, im Westen angreifen

Ablenken, die öffentliche Wahrnehmung auf die falsche Fährte locken: Ein Täuschungsmanöver auf der einen Seite führt dazu, dass Ressourcen auf der anderen abgezogen und dorthin gebracht werden.

Strategem Nr. 7: Etwas aus einem Nichts erzeugen
Übertreiben macht anschaulich oder: aus der Maus einen Elefanten machen. Eine Geschichte wird so erzählt, dass sie viel größer und bedeutsamer erscheint, als sie in Wirklichkeit ist.

Strategem Nr. 8: Sichtbar die Holzstege instand setzen, heimlich nach Chencang marschieren
Mit einem klassischen Ablenkungsmanöver auf den Holzweg führen. Eine Seite gibt demonstrativ vor, einen Weg zu gehen, den sie dann aber gar nicht nimmt. Beispielsweise wird ein verbrannter Holzpfad durchs Gebirge mit viel Mühe wieder aufgebaut. Es sieht ganz so aus, als ob die Arbeiten noch eine Zeitlang andauern. Tatsächlich aber wurde längst ein anderer Weg gewählt.

Strategem Nr. 12: Mit leichter Hand das Schaf wegführen
Eine günstige Gelegenheit klug nutzen, um schnell und sicher zu handeln: mit wenig Einsatz und Ressourcen viel erreichen. Dieser Weg wird im positiven Kontext auch als Huckepack-Strategie bezeichnet, im negativen als Kuckucks-Strategie.

Strategem Nr. 13: Auf das Gras schlagen, um die Schlange aufzuscheuchen
So laut und deutlich in die Öffentlichkeit treten, dass andere zur Reaktion gezwungen sind.

Strategem Nr. 15: Den Tiger vom Berg in die Ebene locken
Einen starken Wettbewerber dazu ermuntern, sich auf unsicheres Terrain zu begeben.

Strategem Nr. 16: Will man etwas fangen, muss man es zunächst loslassen
Anderen das Gefühl einer freien Entscheidung vermitteln, die in Wirklichkeit allerdings gezielt herbeigeführt ist.

Strategem Nr. 30: Die Rolle des Gastes in die des Gastgebers umkehren
Handlungsfähigkeit zurückerlangen: Eine schwache Position in eine starke umwandeln, um andere in eine defensive beziehungsweise reaktive Rolle zu zwingen.

Exkurs: Carl von Clausewitz und sein Buch „Vom Kriege"
Ein Klassiker zum Thema Strategie ist der Aufsatzband „Vom Kriege" des preußischen Heeresreformers Carl von Clausewitz.[2] Er hat die Begriffe Strategie und Taktik in der Neuzeit definiert. Auf ihn berufen sich heute auch viele der großen Strategieberatungsunternehmen. Was dabei fast in Vergessenheit geraten, aber eine interessante Zusatzinformation ist: Carl von Clausewitz wurde leider nicht sehr alt. Mit 51 Jahren starb er an der Schwindsucht. Wäre nicht seine kluge und mutige Frau Marie von Clausewitz[3] gewesen, die sich des schriftlichen Nachlasses angenommen und die gesamte Aufsatzsammlung redigiert und mit ihrem eigenen Vorwort veröffentlicht hätte – das Werk wäre wahrscheinlich nie überliefert worden. Mit der Entstehung der bürgerlichen Gesellschaft und der Industrialisierung ist der ursprünglich militärische Begriff in die Welt von Politik, Wirtschaft und Gesellschaft gewandert. Strategieentwicklung ist heute eine klassische Managementaufgabe.

Spieltheorie

Die Spieltheorie als Teilgebiet der Mathematik leitet Strategien aus der Interaktion ab. Entscheidungen fallen in sozialen Konfliktsituationen, wenn also Interessen, Zielsetzungen oder Vorstellungen der Beteiligten gegenläufig sind, wie beim Spielen. Der Erfolg jedes*r Einzelnen wird davon beeinflusst, welche Entscheidungen andere Spieler*innen vermutlich treffen werden oder getroffen haben. Beim Schachspielen beispielsweise bildet das Verständnis von den Zügen der anderen Seite die Grundlage für das eigene Handeln. Entscheidend für den Erfolg ist der Informationsstand der Beteiligten. Die Spieltheorie unterscheidet zwischen vollständiger Information (Kenntnis der Spielregeln), perfekter Information (Kenntnis über die Züge sämtlicher Spieler) und perfektem Erinnerungsvermögen (allen Informationen, die bereits in der Vergangenheit zugänglich waren).

9.2 Klimawandel: Strategien an veränderte Bedingungen anpassen

Bei Tom Sawyer geht die Strategie auf. Das bedeutet: Bis zu dem Zeitpunkt, an dem der Zaun fertig gestrichen und die Aufgabe abgeschlossen ist, ändert sich an der Ausgangssituation nichts. Das Wetter bleibt sonnig, die Tante ungnädig, die Farbe reicht, die anderen Jungen glauben Tom bis zum Schluss etc. Seine Strategie war über den notwendigen Zeitraum hinweg tragfähig. Allerdings war dieser Zeitraum verhältnismäßig kurz. Die Wahrscheinlichkeit, dass kein Nachjustieren erforderlich ist, ist damit höher als bei einer langen Laufzeit. Tatsächlich müssen Strate-

> **„Je kleiner der Garten, desto größer** *der Gartenzwerg."*
>
> Brigitte Fuchs (*1951), Schweizer Autorin, Lyrikerin, Sprachspielerin

Strategieprinzipien in der Kommunikation

DIE TESTIMONIAL-STRATEGIE

Ein Thema wird über Bande gespielt, indem andere glaubwürdigere oder aufmerksamkeitsstarke Personen es aufgreifen. Testimonials sind mit der Zielgruppe auf Augenhöhe und und stehen dem Thema nah. Prominente Testimonials sorgen vor allem für Aufmerksamkeit. Unbekannt Testimonials genießen Vertrauen, weil sie keine Eigeninteressen verfolgen. Das können Mitarbeitende oder reale Kund*innen sein.

DIE EMPFEHLUNGS-STRATEGIE

Empfehler*innen geben die Botschaft an die Zielgruppe weiter. Sie punkten mit Fachwissen, Erfahrung und formaler Bedeutung. Dazu gehören Personen aus der Wissenschaft, aus besonderen Branchen, aus dem Verbraucherschutz, aus den Leitungsgremien einflussreicher Organisationen sowie Influencer und Blogger, die sich einem Thema verschrieben haben. Plantfluencer empfehlen Zwerge.

DIE HUCKEPACK-STRATEGIE

Ein unbekanntes Thema, Produkt oder Unternehmen wird durch spontanes beziehungsweise unmittelbares Koppeln an ein populäres Trägerthema, ein besonders aufmerksamkeitsstarkes Ereignis oder eine ganze Reihe unerwarteter Vorkommnisse bekannt. Huckepack-Strategien erwecken den Eindruck, als seien sie kurzfristig beschlossen worden, brauchen aber gute Vorbereitung, damit Organisationen oder Personen schnell sprachfähig sind, wenn sich die günstige Gelegenheit ergibt. Sie eignen sich vor allem, wenn das eigene Thema eher wenig Neuigkeitswert besitzt oder nur schwaches Interesse hervorruft. Beispiel: Die Bodenforschung meldet sich immer dann zu Wort, wenn Erdrutsche, Vulkanausbrüche oder extreme Hitze Menschen und Medien beschäftigen.

DIE THEMEN-STRATEGIE

Ein Thema wird mit einem anderen großen, gesellschaftlichen Thema verknüpft, das weit oben auf der medialen Agenda steht: zum Beispiel die Grundlagenforschung zum Thema Bodenbeschaffenheit mit dem Thema Klimawandel. Themenstrategien wirken nur, wenn sie mittel- bis langfristig angelegt sind. Für kurzfristige Effekte sind Huckepack-Strategien geeigneter.

DIE KOOPERATIONS-STRATEGIE

Zusammen mit einem anderen Markt- oder Themenakteur wird eine kommunikative Win-win-Situation erzeugt, die zu einer befriedigenden Lösung auf beiden Seiten führt. Auch wenn die Beteiligten generell unterschiedliche Interessen haben, sind Kooperationen möglich. Wichtig ist, dass sie im Hinblick auf das Bündnis ein gemeinsames Ziel verfolgen können, ohne Probleme mit der eigenen Integrität zu bekommen. Kooperationen werden auf Zeit geschlossen und wieder aufgelöst, sobald ihr Ziel erreicht ist.

DIE TOP-DOWN-STRATEGIE

Die Top-down-Strategie nutzt gezielt hierarchische Strukturen, um ein Thema „von oben“ nach unten weiterzuverbreiten. Die Erstplatzierung in der bedeutendsten Gartenzeitschrift führt dazu, dass andere Gartenmedien, die hierarchisch darunter angesiedelt sind, die Informationen übernehmen beziehungsweise selbst als bedeutend bewerten. Top-down sorgt für einen schnellen Informationsfluss – aber nicht notwendigerweise für die Akzeptanz der Botschaften.

DIE BOTTOM-UP-STRATEGIE

Auf informellen Wegen entwickelt sich ein Trend „vom Boden” in die Breite. Top-down oder Bottom-up? Das ist häufig die Frage in der internen Kommunikation. Bottom-up ermöglicht zwar Partizipation und schafft Raum für Diskussion, ist jedoch ergebnisoffener und braucht unter Umständen viel Zeit und Ressourcen.

Huckepack & Empfehlung

Es ist möglich und zum Teil sogar notwendig, mehrere strategischen Empfehlungen bezogen auf unterschiedliche Wirkungsfelder und Zielgruppen miteinander zu koppeln. Auch wenn sich Strategien auf die Kommunikation konzentrieren, können sie (Vertriebs)strukturen berühren. Welche Lösungswege eignen sich für die Zwerge?

STRATEGISCHE LEITIDEE NACH INNEN – STRATEGIEPRINZIP: HUCKEPACK

Wir nutzen die Zwerge als Katalysator, um den Vertrieb der Garten & Schmuck GmbH auf eine Online-Handelsplattform auszuweiten und das neue Geschäftsfeld Indoor-Gardening zu erschließen.

Wir tragen dazu bei, dass der Trend Indoor-Gardening in Kombination mit den Gartenzwergen den Sprung in den Mainstream schafft und erschließen uns eine Nachwuchs-Zielgruppe.

Wir verlegen das Interaktionsfeld Garten nach innen und lassen ihm den Schutz und Schmuck der Zwerge angedeihen. Damit stellen wir ihre einzigartige Position gegenüber anderen Dekofiguren heraus.

STRATEGISCHE LEITIDEE NACH AUSSEN – STRATEGIEPRINZIP: EMPFEHLUNGS-STRATEGIE

Wir setzen in der Kommunikation auf Empfehler*innen und fordern die Kernzielgruppe selbst in ihrer Empfehlungsrolle heraus.

Wir konzentrieren uns dabei auf diejenigen Teilmärkte Deutschlands, in denen der Anteil der 18- bis 24-Jährigen mit eigenen Wohnungen besonders hoch ist und die nicht als Hipster-Hotspots gelten.

gien in der Umsetzungsphase angepasst werden, sobald die Veränderung der äußeren Umstände fundamentalen Einfluss auf den ursprünglichen Auftrag hat. Seltener verändert sich die Situation so gravierend, dass Strategien ganz verworfen werden müssen. Warum? Albert Oeckl bezeichnet Public Relations in einer frühen Definition als Arbeit mit der Öffentlichkeit, in der Öffentlichkeit und für die Öffentlichkeit (1964).[4] Rex Harlow spricht 1976 von einer spezifischen Managementfunktion, „(...) die dazu dient, wechselseitige Kommunikationsbeziehungen, Akzeptanz und Zusammenarbeit zwischen einer Organisation und ihren Zielgruppen zu installieren und zu garantieren. (...) Sie hilft dem Management einer Organisation, sich zu informieren und auf die öffentliche Meinung angemessen zu reagieren (...).“[5] Beide Definitionen machen deutlich, dass Kommunikationskonzepte und einmal gefasste Pläne aufgrund dieses Bedingungsverhältnisses besonders anfällig für Störungen sind. **Jedes Ereignis in der Öffentlichkeit verschiebt überraschend oder langfristig Themenschwerpunkte und verändert Meinungen. Eigenes Nachjustieren ist nur mit einer vorhandenen Strategie möglich.**

Szenarien durchspielen, Reaktionsmuster antizipieren

Der Festlegung eines Plans geht die Prüfung alternativer Szenarien voraus, die durchgespielt werden. Welche Lösungswege sind möglich? Welche davon führen zum Ziel, welche nicht? Wahrscheinliche Reaktionsmuster der Zielgruppen werden antizipiert.

Szenarien durchspielen mit Tom Sawyer:

- **Ich bitte meine Tante darum, dass ich den Zaun nicht streichen muss, weil ich keine Lust dazu habe:** Diese Möglichkeit wird die Tante nicht davon überzeugen, von ihrem eigenen Ziel abzuweichen. Am Abend soll der Zaun gestrichen sein.

- **Ich täusche eine Krankheit vor:** Das würde dazu führen, dass die Tante mich ins Bett steckt, ich den Sommertag ebenfalls versäume und den Zaun voraussichtlich später trotzdem streichen muss.

- **Ich bitte die anderen Jungen, den Zaun zu streichen, weil ich keine Lust dazu habe:** Das vergrößert das Mitleid, aber nicht die Bereitschaft zu streichen. Zaunstreichen bleibt lästig.

9.3 Zoff am Zaun: Konfliktstrategien

In vielen Konflikten ist ein Gewinn für beide Seiten die beste Lösung. Die Win-win-Strategie ist eine Lösung ohne Kompromiss und Verlust. Sie schafft einen allseits befriedigenden Interessenausgleich und liegt sowohl dem Harvard-Konzept[6] des sachgerechten Verhandelns als auch Ansätzen wie der Mediation zugrunde. Anders als das Gewinn-Verlust-Prinzip oder das Kompromiss-Prinzip, bei denen beide Seiten einen Teil verlieren und häufig erneut in Konflikt geraten (antagonistischer Tausch), löst Win-win ein Problem dauerhaft. Dazu müssen Interessen als verborgene Gründe für Verhalten und Positionen entdeckt werden.

Die Win-win-Strategie beschreibt einen Konsens, also die bestmögliche, auf Nachhaltigkeit angelegte Lösung.[7]

Weitere Strategie-Prinzipien in Konfliktsituationen sind:

- **Der Stärkere gewinnt:** Eine Konfliktpartei gibt auf. Der Konflikt wird aber fortgesetzt, weil für eine Seite keine Besserung eingetreten ist.

- **Kompromiss:** Die Beteiligten einigen sich „in der Mitte". Jede*r setzt einen Teil durch, der andere Teil bleibt ungelöst. Kompromisse werden deshalb auch als „faul" bezeichnet.

- **Dem Konflikt aus dem Weg gehen oder Zeit gewinnen:** Die Betroffenen vermeiden oder leugnen den Konflikt und zögern eine Lösung hinaus. Der Konflikt bleibt also bestehen. In dieser Zeit können Probleme wachsen, es sei denn die gewonnene Zeit wird gewinnbringend zur Lösungsfindung eingesetzt.

- **Die Konfliktlösung delegieren:** Die Konflikt-Parteien setzen Dritte zur Schlichtung ein, identifizieren sich mit der Lösung aber möglicherweise zu wenig oder gar nicht.

- **Zerstörung:** Das Ziel ist, der Gegenseite zu schaden. Ein gefährlicher Weg, der meist langfristige und negative Nachwirkungen hat. Beide Seiten verlieren.

Szenarien durchspielen am Beispiel Gartenzwerg

- **WIR VERSUCHEN, MÖGLICHST VIELE TRADITIONELLE SCHREBERGÄRTNER*INNEN ZUM UMDENKEN ZU BEWEGEN, damit sie die neuen Zwerge akzeptieren. Dieser Weg ist nicht schlüssig in Bezug auf die Situationsanalyse und wenig aussichtsreich. Er erfordert einen unverhältnismäßig hohen Druck und Ressourceneinsatz, weil konative Ziele erreicht werden müssen. Die Schrebergärtner*innen müssten ihre Handlungspräferenzen umstellen.**

- **WIR VERSUCHEN, DIE NEUE SCHREBERGARTEN-GENERATION ZU BEGEISTERN: Auch das hat zu wenig Aussicht auf Erfolg, weil die Zwerge nicht mit den Werten dieser Gruppe kompatibel sind.**

- **WIR BIETEN DIE ZWERGE ALS ALTERNATIVE DEKORATIONSFIGUREN OHNE BESONDERE GARTENZWERG-EIGENSCHAFTEN FÜR ZUHAUSE AN. Dieser Ansatz wäre zu unsicher. Er bedeutet für das Unternehmen einen hohen Einsatz in einem komplett neuen, enorm umkämpften Markt, in dem die Gartenzwerge noch dazu geringe Chancen auf Alleinstellung haben.**

Win-win-Strategie: der Fall mit dem Fallobst

Viele Nachbarschaftsstreitigkeiten ranken sich um den Garten. Bäume wuchern über die Grundstücksgrenze, der Rasenmäher macht zur falschen Zeit Radau, Grillfeste gehen bis in die Nacht. Im Fall Fallobst hat ein älteres Ehepaar einen Apfelbaum im Garten, der ungeheuer ertragreich ist und im Frühherbst große Mengen Obst abwirft. Das Obst landet allerdings auf beiden Seiten des Zauns und fault auch auf dem Grundstück nebenan vor sich hin. Da lebt seit kurzem ein alleinstehender Mann. Keiner will die Äpfel haben. Die verrotteten Früchte ziehen Fliegen an. Beide Seiten gehen von einem absichtsvollen Boykott aus und lassen den Konflikt brodeln. Dabei sind die Beweggründe ganz andere: Der Mann dürfte rein rechtlich die Früchte einsammeln und selbst nutzen, aber Äpfel lösen bei ihm Atembeschwerden und Juckreiz aus. Er hat eine Kernobstallergie. Außerdem ist er nicht sicher, ob er das Fallobst einfach entsorgen darf. Weil er noch neu in der Nachbarschaft ist, sagt er aber lieber nichts und geht der Sache aus dem Weg.

Das Ehepaar auf der anderen Seite kann aufgrund altersbedingter körperlicher Einschränkungen die vielen Äpfel kaum ernten und einkochen. Vielleicht übernehmen das die Kinder und Enkel? Aber bis die kommen, dauert es. Die Lösung bringt der Kindergarten zwei Straßen weiter: Eltern und Erzieher*innen legen Wert auf viel Bewegung und gesunde Ernährung. Das Ehepaar kommt auf die Idee, die Kinder zu sich nach Hause einzuladen. Sie dürfen Äpfel sammeln, so viel sie wollen. Daraus macht die Kindergartenküche später Saft und Kompott. Für die Kinder ist es ein Ausflug in die Natur. Das Paar bekommt Besuch. Auch der Nachbar öffnet irgendwann seine Gartenpforte und ist dabei. Er ist die Äpfel los und lernt Leute in seiner neuen Nachbarschaft kennen. Die Kooperation mit dem Kindergarten ist die strategische Leitidee, die hier sogar zu einer Win-win-win-Situation geführt hat. Ihr liegt das Strategieprinzip „Wenn zwei sich streiten, freut sich der Dritte“ zugrunde. In diesem Fall freuen sich sogar alle drei.

Leseempfehlungen

- Bellinger, Vanya Eftimova: Marie von Clausewitz: the woman behind the making of On War. New York, NY: Oxford University Press, 2016.
- Berkel, Karl: Konfliktforschung und Konfliktbewältigung: ein organisationspsychologischer Ansatz. Wirtschaftspsychologische Schriften der Universitäten München und Augsburg, Bd. 9. Berlin: Duncker & Humblot, 1984.
- Clausewitz, Carl von; Pickert, Wolfgang; Schramm, Wilhelm von: Vom Kriege. 20. Auflage, Reinbek bei Hamburg: Rowohlt, 2013.
- Fisher, Roger; Ury, William; Patton, Bruce: Das Harvard-Konzept. Die unschlagbare Methode für beste Verhandlungsergebnisse. Übersetzt von Jürgen Neubauer. 1. Auflage, erweitert und neu übersetzt. München: Deutsche Verlags-Anstalt, 2018.
- Senger, Harro von:. 36 Strategeme für Manager. 5., überarbeitete Auflage. München Wien: Hanser, 2016.
- Rennhak, Carsten; Schmidt, Carina: Public Relations klipp & klar. Wiesbaden: Springer, 2020.

Denkanstoß: Heckenhöhe

Die Regelung der Heckenhöhe in der Schrebergartensiedlung aus Kapitel 5.4 (SWOT-Analyse) wartet auf eine Kommunikationsstrategie. Wie lösen Sie den Fall? Mit welchem strategischen Ansatz kann sich die Interessengruppe für höhere Hecken im Verein durchsetzen? Vergleichen Sie mehrere Szenarien miteinander. Viel Spaß!

Anmerkungen

1 Vgl. Chandler, Alfred Dupont. Strategy and Structure: Chapters in the History of the Industrial Enterprise; [Based on Intensive Studies of General Motors, DuPont, Standard Oil of New Jersey, and Sears, Roebuck]. 10. print. Cambridge, Mass.: MIT Press, 1978.

2 Vgl. Clausewitz, Carl von; Pickert, Wolfgang; Schramm, Wilhelm von: Vom Kriege. 20. Auflage, Reinbek bei Hamburg: Rowohlt, 2013.

3 Vgl. Bellinger, Vanya Eftimova. Marie von Clausewitz: the woman behind the making of On War. New York, NY: Oxford University Press, 2016.

4 Vgl. Oeckl, Albert. Handbuch der Public-Relations – Theorie und Praxis der Öffentlichkeitsarbeit in Deutschland und der Welt. München: Süddeutscher Verlag, 1964.

5 Rennhak, Carsten; Schmidt, Carina: Public Relations klipp & klar. Wiesbaden: Springer, 2020: 9.

6 Vgl. Fisher, Roger: Ury, William; Patton, Bruce: Das Harvard-Konzept. Die unschlagbare Methode für beste Verhandlungsergebnisse. Übersetzt von Jürgen Neubauer. 1. Auflage, erweitert und neu übersetzt. München: Deutsche Verlags-Anstalt, 2018.

7 Vgl. Berkel, Karl. Konfliktforschung und Konfliktbewältigung: ein organisationspsychologischer Ansatz. Wirtschaftspsychologische Schriften der Universitäten München und Augsburg, Bd. 9. Berlin: Duncker & Humblot, 1984.

KAPITEL 10

Ernte gut, alles gut: die *Taktik*

Willkommen im taktischen Teil des Konzepts, der den Abschluss bildet. Nach der Festlegung von Positionierung und Strategie geht es jetzt darum, den Kommunikationsprozess auszuformulieren. Die Maßnahmenplanung ist die Summe der Handlungsanweisungen, die das Kommunikationsprogramm abbilden und folgt einer Dramaturgie.

Der Maßnahmenplan erhält dramaturgische Qualität, indem

- die kommunikativen Aktivitäten beziehungsweise Maßnahmen auf der Zeitachse in Bezug zu fixen externen Ereignissen (wie Gartenmessen, Ausstellungen) gesetzt werden und auch saisonale Aspekte (zum Beispiel Sommerloch) Berücksichtigung finden,
- in regelmäßigen Abständen Höhepunkte (der Berichterstattung, besondere Auftritte, besondere Aktionen) eingeplant werden (psychologische Dramaturgie),
- die Maßnahmen so aufeinander aufbauen, dass sie sich gegenseitig verstärken und die festgelegten Etappenziele erreicht werden (Interdependenz),
- zu jedem Zeitpunkt die bis dahin erreichten Veränderungen als neuer IST-Zustand in die weitere Maßnahmenplanung einkalkuliert werden,
- über den gesamten Zeitraum der Umsetzung Kontinuität und Ausgewogenheit erkennbar sind.

Der Maßstab für die Taktik ist die Strategie. Sämtliche Instrumente der Umsetzung leiten sich daraus ab.

Es geht also weniger um schöne als um richtige Ideen, die strategiekonform sind. Bevor die Ausarbeitung der Einzelmaßnahmen beginnt, werden grundsätzliche Entscheidungen über Laufzeit und Kommunikationsmix getroffen.

10.1 Winterschlaf und Frühlingserwachen: Phasen und Zeiträume der Kommunikation festlegen

Krise, Aktionsjahr, Dauerthema: Die Zeitspanne der Umsetzung hängt von der kommunikativen Aufgabenstellung ab. Krisen erfordern schnelles Handeln innerhalb kurzer Zeiträume von wenigen Tagen oder Wochen, während Veränderungskommunikation, also eine Kommunikation, die darauf abzielt, Bewusstsein, Verhalten und Kultur zu verändern, Jahre in Anspruch nehmen kann. Allerdings machen auch Krisen in der Regel Veränderungsbedarf deutlich, der eine langfristige Begleitung, Bewältigung und Aufarbeitung verlangt.

Dramaturgie

Johann Elias Schlegel prägte den Begriff ursprünglich für das Theater. In seiner Hamburgischen Dramaturgie stellte Gotthold Ephraim Lessing als erster Dramaturg programmatische Überlegungen über die Aufgaben des Theaters und aktuelle Bezüge des Spielplans an. Damit wurde die Grundlage für die heute sehr viel weiter gefasste Verwendung des Begriffs gelegt. Dramaturgie bezeichnet grundsätzlich die Strukturiertheit kommunikativer Prozesse und Handlungen, ihre geplante Abfolge – ganz unabhängig davon, ob es sich um künstlerische Produktion (Dramaturgie von Filmen, Drehbüchern, Inszenierungen, Dramen, Performances), Privatleben (Dramaturgie von Feierlichkeiten, Spielen, Ritualen) oder die Öffentlichkeit (Dramaturgie von politischen Reden, Wahlkämpfen, Bewegungen, Sportveranstaltungen) handelt. Der Theaterwissenschaftler Gottfried Fischborn spricht von der raum-zeitlichen Strukturiertheit (Gestalt) und Kommunikativität.[1] Unstrukturierten Abläufen ohne kommunikative Intention oder Wirkung fehlt die Dramaturgie.

Die Kommunikationsphasen im Konzept folgen dem Prinzip von innen nach außen. Dem eigentlichen Aktionszeitraum geht eine Vorlaufphase zur Vorbereitung und internen Abstimmung voraus. Den Abschluss der Taktk bildet eine Phase der Nachbereitung, des Nachhaltens und der Evaluation. In den ersten genannten Abschnitt fallen Maßnahmen wie:

- Aufsetzen des Projektmanagements,
- Abstimmung mit weiteren Akteur*innen, und Abteilungen der eigenen Organisation,
- zusätzliche Detailanalysen und Aufsetzen eines Monitorings,
- Aufbau einer Website,
- Aufbau und Abstimmung von Medieninformationen,
- Entwicklung und Abstimmung eines Corporate Designs,
- Erstellung eines Medienverteilers,
- Themenplanung,
- Onboarding externer Spezialist*innen,
- Entwicklung und Verabschiedung eines Social-Media-Detailkonzepts,
- Planung eines Wettbewerbs,

Aktionskampagne: Erdbeerernte in drei Phasen

Ein landwirtschaftlicher Betrieb bietet auf sechs Feldern von jeweils zirka einem Hektar Fläche Erdbeeren zum Selberpflücken an. Die Felder liegen in einem Landkreis verteilt und sind über Straßen und Radwege gut erreichbar. Von Mitte Mai bis Ende Juli ist Erntezeit. In diesem Zeitraum der „Pflückphase“ soll die Kommunikation stattfinden. Erdbeeren sind beliebt. Das Thema „Erdbeeren zum Selberpflücken“ ist leicht vermittelbar und geografisch eingegrenzt. Eine kurze Vorlaufphase von zirka einem Monat reicht aus, um Vorbereitungen zu treffen. Die Vorfreude auf die Erdbeersaison wächst mit Schildern, Plakaten, Medienberichterstattung und einer lokalen Facebook-Gruppe. Während der Erntezeit spricht sich das Thema in den Nachbarschaften weiter herum, Erdbeerrezepte in Zeitungen und auf Facebook animieren zum weiteren Pflücken. Aktionen wie ein neues Erdbeerfest sind dramaturgische Höhepunkte. Nach der Pflückphase zieht der Betrieb Bilanz.

Abbildung 18: Dramaturgie: Erdbeeren zum Selberpflücken

Langzeitkampagne: Unkraut-Bewusstsein: Sechs Phasen in drei Jahren

Sie gelten als unverwüstlich, breiten sich mithilfe von Kriechsprossen oder Samenmassen in alle Richtungen aus und trotzen auch extremen Temperaturen an widrigen Standorten: Wildkräuter, -blumen und -gräser – in Gärten oft als Unkraut bezeichnet. Bei vielen Gartenfans sind sie unbeliebt, weil Schöllkraut, Klee und Giersch den Blühpflanzen Wasser entziehen und nicht so richtig ins Bild passen. Dem Ökosystem hingegen tun die Unkräuter gut: Brennnesseln ernähren Schmetterlingsraupen, Löwenzahn und Bärenklau enthalten wertvolle Mineralien, Schachtelhalm stärkt empfindliche Sommerblüher etc. Die lokale Aktionsgruppe eines Naturschutzverbandes will deshalb landesweit das Bewusstsein für diese Seite der Wildkräuter schärfen. Sie möchte Menschen dazu bewegen, das Unkraut in den Gärten für Insekten und den eigenen Speiseplan (wenigsten zum Teil) stehen zu lassen. Die größte Aufmerksamkeit für das Thema besteht zur Gartensaison von März bis Oktober, also rund acht Monate lang. Allerdings lässt sich in dieser kurzen Laufzeit kein neues Unkrautbewusstsein schaffen (siehe kognitive und konative Ziele). Dafür sind mindestens drei ganze Gartenjahre notwendig. Die besondere Herausforderung besteht darin, die Aufmerksamkeit in der Nicht-Gartenzeit von November bis Februar dennoch aufrechtzuerhalten. Diese Kampagne erfordert Zwischenbilanzen und Höhepunkte auch außerhalb der Gartenzeit. Schon in die Vorlaufphase müssen Expert*innen eingebunden werden, die Faktenwissen in Texte und Diskussionen einbringen.

Krisenfall: Rätselhaftes Blaumeisensterben

Blaumeisen sind in Mitteleuropa eine der am häufigsten anzutreffenden Vogelarten. Sie leben in Laub- und Mischwäldern, aber auch in Parks und Gärten. Die kleinen Singvögel mit dem kräftigen Schnabel sind an ihrem blau-gelben Gefieder leicht zu erkennen. Sie brüten in Baumhöhlen und Nistkästen. Als Anfang März plötzlich in mehreren Regionen Tausende toter und kranker Blaumeisen gefunden werden, macht sich die bange Frage nach den Ursachen breit. Die Vögel verenden, nachdem sie apathisch aufgeplustert, mit verklebten Augen und Schnäbeln am Boden gesessen haben. Eine landesweit anerkannte Vogelschutzwarte sucht fieberhaft nach den Gründen. Sie hält die interessierte Bevölkerung mit Pressemitteilungen und

Posts auf den Social-Media-Kanälen über die Geschehnisse und die Ursachenforschung auf dem Laufenden. Parallel ensteht ein Meldesystem für gefundene Blaumeisen. Offensichtlich handelt es sich um eine Krankheit, die hochansteckend ist. Die Tiere infizieren sich an Sammelplätzen wie Futterstellen und Vogeltränken. Mit dem schnellen Anstieg der Fallzahlen nehmen auch die Medienberichte zu. Mitte April kommt heraus, dass ein Bakterium die Ursache ist. Die Tiere sterben an einer Lungenentzündung. Fast 30.000 tote Tiere wurden bis dahin gemeldet. Jetzt können Gegemaßnahmen zum Schutz der Tiere eingeleitet werden. Die Vogelschutzwarte informiert weiter und bedankt sich bei allen, die mitgeholfen und zur Aufklärung beigetragen haben.

Dramaturgie Blaumeisen-Krise

Vorlaufphase:

- Krisenstab kommt zusammen
- Präsentation Ist-Situation
- Beschluss über Vorgehen
- Einrichtung einer zentralen Informationsplattform
- Einrichtung eines Redaktionsbüros
- aktuelle Verteiler
- Porträt der Blaumeise, Erkennungszeichen

Aufrufphase:

- Bevölkerung wird über Medien aufgerufen, tote Blaumeisen zu melden
- regelmäßige Berichterstattung zu Zahlen und zum Stand der Suche nach Ursachen, Grafiken zum Verbreiten
- Expert*innen-Interviews

Aufklärungsphase:

- Pressemitteilungen, Pressekonferenz zu den gefundenen Ursachen der Krankheit
- tägliche Posts auf Social Media
- FAQ: Was kann die Bevölkerung tun?
- Forschung zur Betroffenheit weiterer Vogelarten
- Expert*innen-Interviews

Dokumentation:

- Debriefing
- Aufbereitung aller Informationen und Erfahrungen für die Krisenprävention der Organisation

Abbildung 19: Dramaturgie: Blaumeisen-Krise

Denkanstoß: Zur Dramaturgie

Entwickeln Sie eine sinnvolle Dramaturgie für den folgenden Fall: Ein Unternehmen mittlerer Größe vertreibt in Deutschland und den angrenzenden Ländern Bausätze für Wintergärten zur Selbstmontage, die online bestellt und als Paket geliefert werden können. Für die persönliche Beratung gibt es eine Telefonzentrale, die zwölf Stunden täglich, auch an Samstagen, erreichbar ist. Gerade ist der Bausatz „Cottage-Garden" fertiggestellt worden. Neben dem erfolgreichen Vertrieb und Verkauf des neuen Modells soll auch die Unternehmensmarke bekannter gemacht und in den Köpfen der Zielgruppe mit der Expertise Wintergärten und Gewächshäuser verknüpft werden. Denken Sie über Kommunikationsphasen und ihre besondere Funktion nach. Welche Maßnahmen wären in welchem Zeitabschnitt sinnvoll? Wie schätzen Sie den Gesamtzeitraum ein und wovon ist er abhängig?

- Aufbau und Vertrieb einer Aktionsausstattung.
- Storyboard und Produktion von Videos,
- Kooperationsvereinbarungen und -verträge,
- Einholung detaillierter Angebote,
- Ankündigungen der eigentlichen Aktion,
- Entwicklung von Argumentarien und Frage-Antwort-Katalogen,
- Interviewtrainings, Durchläufe und-Generalproben,

Exkurs: Integrierte Kommunikation

Integrierte Kommunikation ist der Anspruch, alle eingesetzten Instrumente inhaltlich und formal so aufeinander zu beziehen, dass sie eine Einheit bilden und gegenüber allen Zielgruppen ein in sich stimmiger Eindruck entsteht. Die Voraussetzung für die inhaltliche Integration aller Maßnahmen wird im Konzept mit der Positionierung gelegt. Die dort getroffenen Kernaussagen und Botschaften kehren in allen Teilen der Kommunikation als Bildmotive und verbale Aussagen im Wortlaut oder sinngemäß wieder (im Claim, im gesprochenen

Wort, in Medientexten und Posts etc.). Damit wird zugleich die Grundlage für eine arbeitsteilige und inhaltlich abgestimmte Umsetzung gelegt. Weitere Dimensionen der integrierten Kommunikation sind die zeitliche Verzahnung der Maßnahmen im Phasenplan und ihre funktionale Integration im Kommunikations-Mix.

Die Maßnahmen verzahnen heißt, sie in gewichteter Abhängigkeit voneinander darzustellen.

10.2 Landschaftsplan: den strategischen Kommunikations-Mix bestimmen

Die Brücke zwischen Strategie und Maßnahmenplanung bildet die grundsätzliche Festlegung der zielführenden Kanäle und Instrumente. Noch geht es nicht um die Ausarbeitung von Einzelmaßnahmen, sondern um die Gewichtung der Anteile kommunikativer Disziplinen wie:

- interne Kommunikation,
- Presse- und Medienarbeit,
- Online-Kommunikation,
- Veranstaltungen und Aktionen,
- personale Kommunikation,
- Fundraising/Sponsoring,
- Trainings,
- Kooperationen,
- klassische Werbung,
- Lobbying.

Bei reiner Medienkommunikation kann eine Gewichtung nach Medienkanälen sinnvoller sein, unterschieden nach

- Earned Media (Beziehungen, Public Relations, Berichterstattung aufgrund von Presse- und Medienarbeit),
- Owned Media (Eigenmedien wie Magazine, Webcontent, Videos, Webinare, E-Mails, Broschüren),
- Paid Media (Werbung, bezahlter redaktioneller Content wie Advertorials) und
- Shared Media (geteilte Inhalte in den sozialen Medien, Links, Bewertungen).

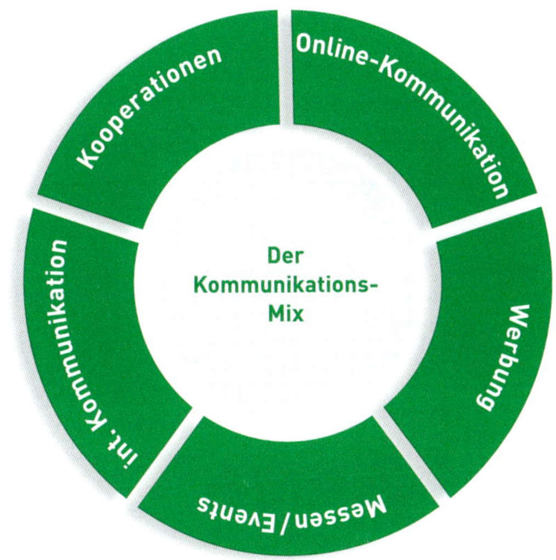

Abbildung 20: Beispiel Kommunikations-Mix integriert

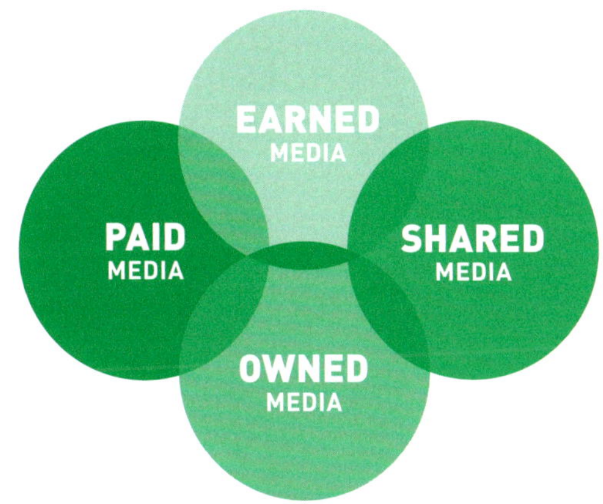

Abbildung 21: Kommunikations-Mix Media

Dramaturgie der Indoor-Zwerge

Vorlaufphase:

- Fotoshooting Zwerge in Indoor-Dschungeln
- Micro-Site
- Kontakt Planfluencer und Prominente
- Messeplanung
- Aufbau Online-Handelsplattform

Push-Phase:

- Social-Media-Kampagne
- Plantfluencer-Kampagne
- Inszenierung in besonderen öffentlichen Indoor-Gärten
- Auftritte auf Publikumsmessen

Pull-Phase:

- Die Verbreitung der Zwerge spricht sich in SoMe-Indoor-Dschungel-Gruppen herum
- Interviews und Homestories
- Indoor-Garten-Challenge
- Prominente erzählen
- Zwerge verschwinden und werden gesucht

Verstetigungsphase:

- Zwerge werden verschenkt
- Wunschzettel-Aktion
- regelmäßige Beiträge auf Social Media
- Inszenierung Indoor-Dschungel im Online-Handel

Bilanzphase:

- Komplettauswertung

Abbildung 22: Dramaturgie: Indoor-Zwerge

Für die Indoor-Zwerge ergibt sich aus folgenden Gründen eine Dramaturgie in fünf Phasen, die über ein Jahr und vier Monate läuft:

- Die Gartensaison dauert von März bis Oktober. Auch wenn Indoor-Gärten ganzjährig nutzbar sind, liegt der Höhepunkt der Aufmerksamkeit für das Thema im gleichen Zeitraum wie für alle anderen Gärten.
- Die Zwerge sind noch nicht bekannt. Abbildungen von ihnen und Informationen über sie werden innerhalb einer kurzen Push-Phase ausschließlich über Social-Media-Kommunikation verbreitet und in wenigen aufmerksamkeitsstarken Aktionen der Kernzielgruppe präsentiert.
- Dieser Phase muss eine zweite längere folgen, in der deutlich wird, dass die Indoor-Zwerge zu einem weit verbreiteten Phänomen geworden sind. Sie sind längst mehr als eine Neuigkeit. In dieser Phase wird die Nachfrage vor allem über Medienberichterstattung im privaten Hörfunk, Fernsehen und online erzeugt.

- Die Kampagne mündet in das Weihnachtsgeschäft.

- Das Unternehmen baut für die Zwerge erstmals eine Online-Handelsplattform auf, was einen langen Vorlauf in Anspruch nimmt. Die Plattform wird zusammen mit einer Microsite und einem im Comedy-Stil aufgemachten Zwergen-Podcast kommunikativer Umschlagplatz. Sie gehört deswegen mit in den Kommunikations-Mix.

Abbildung 23: Kommunikations-Mix für die Zwerge

- Die gesamte Kommunikation arbeitet stark mit Bildern, dem Hashtag #Indoor-Gartenzwerge und dem Claim „Mach es Dir grün und gemütlich!“

10.3 Prinzip Nutzgarten: verständlich und überzeugend planen

Jede in der Übersicht genannte Maßnahme wird im Konzept anschließend ausformuliert. Eine verständliche und überzeugende Kurzbeschreibung vermittelt ihre Funktion und den spezifischen Beitrag zu Positionierung und Strategie. Die Kurzbeschreibung hat den Charakter einer Inhaltsangabe. Zur Formulierung gehören die Benennung von Einzelzielen, Zielgruppen sowie Terminen und Ressourcen. Maßnahmen liefern den Beleg dafür, dass das Konzept aufgeht. Um Zuständigkeiten benennen zu können, muss die Rollenteilung im Gesamtteam geklärt sein. Wer vergibt Aufträge an Kooperationspartner? Wer übernimmt den Medienkontakt etc.? Für die abgestimmte Zusammenarbeit zwischen Kunde und Agentur ist das besonders wichtig. Kommunikationsarbeit ist Teamarbeit, die Kampagnenplanung ist sowohl Steuerungsinstrument als auch Managementaufgabe.

Anhand von Budget- und Zeitfaktoren sowie Resssourcen lässt sich die Machbarkeit der ausformulierten To-do-Liste überprüfen. Die abgestimmte Planung ermöglicht es einzelnen Verantwortlichen, Teilverantwortung zu übernehmen, ohne den Gesamtplan aus den Augen zu verlieren.

Aus der Kombination von Zeitplan, Kommunikations-Mix und Kurzbeschreibungen entsteht eine verbindliche Vorlage für die arbeitsteilige Umsetzung. Maßnahmenpläne werden auch in Besprechungen oder im Projektmanagement eingesetzt, um den Status zu kontrollieren. Im Coaching oder in der Mediation schaffen sie Verbindlichkeit für die Umsetzung getroffener Vereinbarungen.

Grün, rot oder gelb? Die ausformulierte To-do-Liste

Dieser verbindliche Charakter wird durch eine tabellarische Aufbereitung unterstrichen. Die Tabelle gibt einen noch schnelleren und vollständigen Überblick darüber, wer, was, wann, warum und für wen macht. Sie ist mit den einzelnen Kurzbeschreibungen und entstehenden Detailkonzepten verlinkt beziehungsweise hinterlegt und wird laufend aktualisiert. Im Prozess

Beispiel-Maßnahme: Die Indoor-Garten-Challenge

ZIELE

- weitere Verbreitung der Indoor-Gartenzwerge,
- 20.000 Teilnehmer*innen,
- Die Identifikation mit den Zwergen nimmt zu.

ZIELGRUPPE

- Kernzielgruppe,
- Plantfluencer,
- Housegarden-Clubs,
- Blogger.

TERMIN

- Juni/Juli

Auf Instagram, Snapchat und Facebook verselbstständigt sich (mithilfe von Bloggern, Housegarden-Clubs und Plantfluencern) eine neue Challenge: Immer mehr Indoor-Gärtner*innen inszenieren sich selbst mit ihrem Indoor-Gartenzwerg zwischen Hängematte, Yuccapalmen und Blumenampeln. Zwerge und ihre Fans lugen zwischen Kakteen und Zitronenbäumchen hervor. Der Einfallsreichtum ist ansteckend. Der Hashtag #IndoorGartenzwerge verbreitet sich mit den Posts. Alle Teilnehmenden geben persönliche Statements zu ihren Indoor-Gartenbildern ab und empfehlen ihren Freunden #MachEsDirGrünUndGemütlich!

ZUSTÄNDIGKEIT

- Agentur, Namen der zuständigen Teammitglieder

der Umsetzung dient die Übersicht außerdem als Protokoll oder Protokollanhang. Tabellarische Maßnahmenpläne können auch als Balken- oder Flussdiagramme dargestellt werden.

10.4 Was die Spatzen von den Dächern pfeifen: Nachrichtenwerte und Abgleich mit der Medienperspektive

Für den Erfolg öffentlicher Kommunikation spielen soziale wie publizistische (von Redaktionen auf Grundlage eines publizistischen Programms gemachte) Medien (Zeitung, Fernsehen, Radio, Podcast etc.) eine bedeutende Rolle. Medienkompetenz, also umfassende Kenntnisse über die Normen und Regeln von Öffentlichkeit und Medien ist grundlegend für die Maßnahmenplanung. Welche Kriterien waren und sind aus Sicht von Medienredaktionen für die Selektion von Informationen relevant? Schon in den 1920er Jahren gab es Studien dazu, was eine Information zur Nachricht macht – nämlich Schaden, Nutzen, Prominenz oder räumliche/soziale/kulturelle Nähe. Die europäische Nachrichtenwert-Theorie begründeten die norwegischen Friedensforscher Johan Galtung und Mari Holmboe Ruge (1965). Sie untersuchten Verzerrungen in der internationalen Nachrichten-Berichterstattung und stellten erstmals eine Liste von zwölf Ereignismerkmalen auf, die kulturabhängig beziehungsweise -unabhängig gelten und additiv zu verstehen sind: Je mehr Faktoren zutreffen, umso höher und wahrscheinlicher ist die Aufnahme eines Ereignisses in die publizistische Berichterstattung.

Was?	Für wen?	Wann?	Warum?	Wer?	Stand?
Fotoshooting	Kernzielgruppe Plantfluencer Blogger Medien intern	Vorbereitungsphase September/Oktober	Sichtbarkeit	Agentur Unternehmen Fotograf*in	abgeschlossen
Indoor-Garten-Challenge (Link Kurzbeschreibung)	Kernzielgruppe Plantfluencer Blogger	Pull-Phase Juli bis Oktober des Folgejahres	weitere Verbreitung Identifikation nimmt zu 20.000 Pax	Agentur	läuft
Wunschzettelaktion	Kernzielgruppe Familien/Freunde Medien	Verstetigungsphase November/Dezember	Verstetigung Verkaufs-Peak	Vertrieb Team Online-Plattform	Detailplanung ab September

Abbildung 24: To-do-Liste der Kommunikation für die Zwerge

Kulturunabhängige Faktoren:

1. Frequenz: Je mehr der zeitliche Ablauf eines Ereignisses der Erscheinungsweise eines Mediums entspricht, desto wahrscheinlicher wird das Ereignis zur Nachricht.

2. Schwellenfaktor: Je auffälliger ein Ereignis ist, je wahrscheinlicher es eine Aufmerksamkeitsschwelle überschreitet, desto sicherer wird es registriert.

3. Eindeutigkeit: Je eindeutiger und überschaubarer ein Ereignis ist, desto eher wird es zur Nachricht.

4. Bedeutsamkeit/Betroffenheit: Je größer die Tragweite eines Ereignisses, je mehr es persönliche Betroffenheit auslöst, desto eher wird es zur Nachricht.

5. Konsonanz: Je mehr ein Ereignis mit vorhandenen Vorstellungen und Erwartungen übereinstimmt, desto eher wird es zur Nachricht.

6. Überraschung: Je überraschender ein Ereignis ist, desto größer besteht die Chance, zur Nachricht zu werden, allerdings nur dann, wenn es im Rahmen der Erwartungen überrascht.

7. Kontinuität: Ein Ereignis, das bereits als Nachricht definiert ist, hat eine hohe Chance, von den Medien auch weiterhin beachtet zu werden.

8. Variation: Der Schwellenwert für die Beachtung eines Ereignisses ist niedriger, wenn es zur Ausbalancierung und Variation des gesamten Nachrichtenbildes beiträgt.

Kulturabhängige Faktoren:

1. Bezug zu Elite-Nationen: Ereignisse, die Elite-Nationen betreffen, haben einen überproportional hohen Nachrichtenwert.

2. Bezug zu Elite-Personen/Prominenz: Ereignisse, die Elite-Personen betreffen, haben einen überproportional hohen Nachrichtenwert.

3. Personalisierung: Je stärker ein Ereignis personalisiert ist, sich im Handeln oder Schicksal von Personen darstellt, desto eher wird es zur Nachricht.

4. Negativität: Je „negativer" ein Ereignis, je mehr es auf Konflikt, Kontroverse, Aggression, Zerstörung oder Tod bezogen ist, desto stärker beachten es die Medien.

Spätere Theorien beziehen sich auf diesen Katalog, kommen aber zu der Erkenntnis, dass die genannten Merkmale den Ereignissen nicht wirklich zuzuschreiben, sondern überwiegend ein journalistisches Konstrukt sind.

Mit der kompletten Veränderung der Nachrichtenproduktion durch Digitalisierung entscheiden soziale Like-, Share- und Kommentarzahlen mit darüber, was vorausgewählt wird. Die Prozesse der Vertrauensbildung und die Frage, wem vertraut wird, verändern sich. Die Grenzen zwischen Senden und Empfangen, zwischen Online und Offline verschwimmen. Gleichzeitig haben sich die Kanäle und Möglichkeiten der Partizipation und des globalen Austauschs vervielfacht. Publizistische Medien verlieren ihren Gatekeeper-Status, bleiben aber in einer hochdiversifizierten Welt der Multi-Berichterstattung, die auch von Filterblasen und Echokammern bestimmt ist, bedeutend für eine gemeinsam geteilte Realität.[2] Sie übernehmen als Teil der sozialen Ordnung auch eine Vermittlungsleistung. Die Nachrichtenwerte nach Galtung und Ruge sind ein frühes Bezugssystem für die notwendige und fortdauernde Diskussion um neue Normen und Werte und die kritische Betrachtung der Rolle publizistischer Medien.

Formate der persönlichen Zusammenarbeit mit Journalist*innen

Medienarbeit ist nach wie vor ein unverzichtbarer Teil der externen Kommunikation. Neben Angeboten wie Medienmitteilungen, E-Mails mit Informationen, Bildern, Audiofiles und Videos ist vor allem die persönliche Zusammenarbeit mit Journalist*innen der Schlüssel zum Erfolg. Sie haben (weiterhin und trotz aller Medienkritik) eine verantwortungsvolle Rolle und Aufgabe, wenn es darum geht, faktenbasierte Informationen zu verarbeiten und Themen auf die öffentlich-mediale Agenda zu setzen.

> **„Eine Nachricht ist erst dann** *eine Nachricht*, **wenn der zweite Blick den ersten** *Blick bestätigt."*
>
> Joseph Pulitzer (1847–1911), ungarisch-amerikanischerJournalist, Herausgeber und Zeitungsverleger

Exkurs: Many to many – die Digitalisierung der Kommunikation

Die Digitalisierung hat öffentliche und organisationsinterne Kommunikation nachhaltig verändert. Das machen auch die meisten Kommunikationskonzepte deutlich. Zwei Aspekte sind dabei kritisch zu betrachten: erstens die Nutzung digitaler Instrumente und Kanäle und zweitens die datengestützte Umsetzung von Kommunikationsangeboten.

Die Nutzung digitaler Kommunikation ermöglicht ein „Many to many" . Die alte Dichotomie von Medienproduktion und Rezeption hat sich aufgelöst. Die öffentliche Kommunikation hat sich in Teilen demokratisiert. Jede*r hat eine Stimme, kann sich an andere Meinungen anschließen und viele erreichen. Für einzelne Menschen oder Organisationen ist Kontrolle über Abläufe und Zuschreibungen und auch der Schutz der eigenen Integrität jedoch weniger möglich denn je. Wie kompliziert es sein kann, faire Bedingungen und die Beteiligung aller durchzusetzen, zeigen die Diskurse über Netzneutralität und die Verantwortung von Betreiber*innen sozialer Plattformen.

Hinter dem Aspekt der datengestützten Umsetzung von Kommunikationsangeboten steht vor allem eine gesellschaftliche und politische Debatte. Künstliche Intelligenz, Algorithmen, Chatbots und viele andere Technologien sind in der Lage, den Menschen individualisierte Kommunikationsangebote zu machen. Sie nehmen Entscheidungen ab, lernen aus digitalem Verhalten und sorgen dafür, dass User mehr von dem sehen und hören, was „aus der Sicht" der Maschinen offensichtlich ihren Präferenzen entspricht. Die Journalistin und Kommunikationswissenschaftlerin Miriam Meckel warnt: „Der berechenbare Mensch gefährdet Individualität und Freiheit. Je mehr wir uns digital vermessen lassen, desto stärker werden unsere Entscheidungsspielräume eingeschränkt, zugunsten eines ökonomischen und sozialen Gleichgewichts, das mehr auf Bestand als auf Entwicklung, mehr auf Mainstream als auf Individualismus ausgerichtet ist."[3] Noch gilt, dass nur

Medienkontakt:
Die Ziele guter Kontakt- und Netzwerkarbeit sind eine dauerhafte, vertrauensvolle Zusammenarbeit und gegenseitiger, fachlicher wie persönlicher Respekt. Die Kontaktpflege sichert Gesprächsbereitschaft auch bei kritischen Anfragen ab. Pressestellen sind für Redaktionen wichtige Quellen.

Pressekonferenz/Medienkonferenz:
Medienkonferenzen, egal ob live oder als Streaming-Format, erlauben die ausführliche, von verantwortlichen Personen vermittelte Information und Erläuterung von Neuigkeiten mit hohem Nachrichtenwert. Sie bieten Raum für Rückfragen und geben Medienschaffenden einen persönlichen Eindruck. Medienkonferenzen folgen einem festgelegten Ablauf: Der*die Mediensprecher*in begrüßt, stellt die Beteiligten vor und moderiert die abschließende Diskussion. Die Teilnehmer*innen erwarten, dass die Informationen den Aufwand und einen Beitrag wert sind. Es lohnt sich deshalb zu prüfen, ob nicht doch eine einfache Pressemitteilung oder ein kurzes Statement sinnvoller wären. Eine schriftliche Medienmitteilung und weitere Medieninformationen (nicht zu umfangreich) gehören zum Service.

Mediengespräch:
Mehr oder weniger regelmäßige Treffen oder Jour fixes wie beispielsweise ein Pressefrühstück stärken das Netzwerk und den persönlichen Kontakt. Dabei sind ausgewählte Journalist*innen, der*die Pressesprecher*in und Verantwortliche aus der Organisation. Die Treffen dienen dem Meinungsaustausch jenseits der aktuellen Faktenlage, sollten aber an neuere oder wissenswerte Nachrichten geknüpft sein. Auch interessante wechselnde Gesprächspartner*innen aus der Organisation oder dem thematischen Umfeld können Anlass für Mediengespräche sein.

Hintergrundgespräch:
Vier- oder Sechs-Augen-Gespräche haben einen vertraulichen, persönlichen Charakter. Sie dienen dazu, ein Thema zu vertiefen, das besonders komplex ist, oder auch einem Thema den Boden zu bereiten. Je nach Qualität des Verhältnisses können in einem Hintergrundgespräch Vereinbarungen zur exklusiven Berichterstattung getroffen werden.

Redaktionsbesuch:
Besuche in der Redaktion sind empfehlenswert, wenn sich neue Verantwortliche aus Organisationen persönlich vorstellen möchten, wenn eine neue Initiative oder eine bevorstehende Kampagne (z.B. Aktionsjahr, Jubiläumsjahr) vermittelt beziehungsweise der Kontakt zu einer ganzen Redaktion gepflegt werden soll. Die Vorteile: Für die Medienseite ist der Aufwand gering und ein größerer Kreis der Redaktion kann Fragen stellen. Der Besuch ermöglicht die Vermittlung von Hintergrundwissen und hat einen exklusiven Charakter.

Medienstatement:
Das Statement ist ein kurzes Vor-die-Medien-Treten, bei dem eine Fachperson wenige vorbereitete Aussagen zu einem Sachverhalt macht. Ziel ist, vor allem den audiovisuellen Medien einen kurzen sendefähigen O-Ton zu geben. Nachfragen sind in der Regel nicht vorgesehen. Mit Medienstatements reagieren Organisationen auf die Dringlichkeit von Informationsbedürfnissen in zeitkritischen Situationen oder Krisen.

Medienschulung:
Um Medienschaffenden die notwendige fachliche Kompetenz für die folgende Berichterstattung zu vermitteln, sind Medienschulungen geeignet. Hier werden Themen vertieft und von Expert*innen möglichst neutral erläutert. Die Inhalte können fachlich oder wissenschaftlich sehr anspruchsvoll und komplex sein. Medienschulungen unterstützen eine faktenbasierte Hintergrundberichterstattung. Sie sind zeitaufwendig in der Vorbereitung und haben idealerweise einen tragfähigen Anlass, zum Beispiel die Publikation einer Studie.

Medienführung:
Vor-Ort-Termine dienen der Veranschaulichung. Sie sind bild- und erkenntnisreich. In authentischer Atmosphäre erhalten Medienvertreter*innen O-Töne, Live-Geräusche und Bilder, aus denen unter anderem Reportagen und Features entstehen. Medienführungen nehmen Zeit in Anspruch. Baustellen, Schauplätze großer Ereignisse oder Produktionsanlagen sind geeignete Orte dafür.

Menschen in der Lage sind, Ambiguität in der Entscheidungsfindung auszuhalten. Nur Menschen müssen und können sich täglich unzählige Male für oder gegen etwas entscheiden. Sie haben die Freiheit dazu – und die Kompetenz. Ganz anders als Maschinen können Menschen Informationen unwillkürlich Bedeutung geben und damit Unterschiede machen. Diese Freiheit nennt Meckel auch eine Zumutung. Die Vielfalt von Optionen und Bedeutungen und der Wettbewerb der Ideen ist anstrengend. Aber genau in diesem Spannungsfeld bewegt sich geplante und zielgerichtete Kommunikation. Pluralismus aushalten und den eigenen Botschaften Bedeutung geben, um Menschen zu erreichen und zu überzeugen: Das ist die Aufgabe, die uns die Maschinen bisher nicht abnehmen können. Zum Glück.

Leseempfehlungen

Bischl, Katrin: Die professionelle Pressemitteilung. Ein Leitfaden für Unternehmen, Institutionen, Verbände und Vereine. Wiesbaden. Springer VS, 2015.

Falkenberg, Viola: Pressemitteilungen schreiben. In 10 Schritten zum professionellen Pressetext. 7., überarbeitete und aktualisierte Auflage, Frankfurt am Main: Frankfurter Allgemeine Buch, 2014.

Fischborn, Gottfried: Politische Kultur und Theatralität. Aufsätze, Essays, Publizistik. Mit einem Vorwort von Joachim Fiebach. Bern: Peter Lang 2012: 15–24.

Klinger, Ulrike; Otfried, Jarren: Öffentlichkeit und Medien im digitalen Zeitalter – zwischen Differenzierung und Neu-Institutionalisierung. In: Gapski, Harald; Oberle, Monika; Staufer, Walter (Hrsg.): Medienkompetenz als Herausforderung für Politik, politische Bildung und Medienbildung. Bonn: Bundeszentrale für politische Bildung, 2017.

Klinger, Ulrike: Aufstieg der Semiöffentlichkeit. Eine relationale Perspektive. In: Publizistik, 63, Nr. 2 (Mai 2018): 245–267.

Klinger, Ulrike: Wer hat Angst vor Algorithmen? In: Forum Wohnen und Stadtentwicklung 5/2018, Schwerpunkt-Heft „Meinungsbildung vor Ort – Chancen für Stadtentwicklung und lokale Demokratie": 235–238.

Joye, Stijn; Heinrich, Ansgard; Wöhlert, Romy: 50 years of Galtung and Ruge: Reflections on their model of news values and its relevance for the study of journalism and communication today. In: CM : Communication and Media XI (36), 2016: 5–28.

Meckel, Miriam: Der berechenbare Mensch. In: Pörksen, Bernhard; Narr, Andreas (Hrsg.): Schöne digitale Welt. Köln: Halem, 2019.

Schulz-Bruhdoel, Norbert; Fürstenau, Katja: Die PR- und Pressefibel. 10., überarbeitete Auflage, Frankfurt am Main: Frankfurter Allgemeine Buch, 2010.

Zerfaß, Ansgar; Volk, Sophie Charlotte: Toolbox Kommunikationsmanagement. Denkwerkzeuge und Methoden für die Steuerung der Unternehmenskommunikation. Heidelberg: Springer Gabler, 2019.

Anmerkungen

1 Fischborn, Gottfried: Politische Kultur und Theatralität. Aufsätze, Essays, Publizistik. Mit einem Vorwort von Joachim Fiebach, 2012: 15 ff.

2 Vgl. Klinger/Jarren, Otfried, Bonn 2017.

3 Meckel, Miriam: Der berechenbare Mensch,Köln 2019: 123 ff.

KAPITEL 11

Auftritt der Gartenzwerge: Präsentation und *Dokumentation*

Powerpoint-Schlachten, überladene Folien, multimediale Unruhe, Präsentierende unter Hochdruck. Alle, die das schon einmal erleben mussten, haben mitgelitten. In den seltensten Fällen kann eine Präsentation unter diesen Umständen überzeugen.

Aus Sicht des Publikums entsteht manchmal der Eindruck, Präsentierende versuchten trotz und nicht mit ihren technischen Hilfsmitteln Klarheit zu vermitteln. Und das, obwohl die Präsentation den Ausschlag dafür gibt, ob ein Konzept verstanden und angenommen werden kann.

11.1 Tee-Garten: die Herzen gewinnen und den Verstand überzeugen

Die inhaltliche und kreative Arbeit am Konzept ist abgeschlossen. Die Beteiligten haben gesammelt, recherchiert, fokussiert, gedacht, formuliert, verworfen, geschlussfolgert und gerungen. Nun soll das Konzept die Auftraggeber*innen davon überzeugen, den vorgeschlagenen kommunikativen Pfad einzuschlagen. Es ist, als würde ein ausgewähltes Publikum erstmals Zutritt zu einem sorgfältig angelegten Garten erhalten, einem japanischen Tee-Garten. Alles ist sorgfältig geplant und bestellt, jede Ecke ausgestaltet. An ausgesuchten Standorten blüht es in fein abgestimmten Farben. Es grünt in allen Nuancen. Lichtreflexe tanzen auf dem Teich, Insekten summen und ein lauer Wind lässt leise das Schilf am Ufer rauschen. Alles sieht ganz natürlich und harmonisch aus. Der Garten ist perfekt: Ein Meisterwerk für die Sinne, das alle Gäste begeistert. Die Anstrengungen der vergangenen Tage und Wochen bleiben ihnen verborgen. Genauso ist es mit der Präsentation von Kommunikationskonzepten. Sie sollen die Herzen gewinnen und den Verstand überzeugen. Und das, auch wenn das Publikum aus Bekannten und Unbekannten besteht. Sich mit diesem Publikum der Präsentation auseinanderzusetzen, ist besonders wichtig. **Präsentieren heißt, in einem sehr kurzen Zeitfenster konzentrierter Aufmerksamkeit das Ergebnis eines sehr langen Arbeitsprozesses zu vermitteln.** Das Ziel ist die Zustimmung zur vorgeschlagenen Strategie, das bestmögliche Ergebnis der Auftrag für die Umsetzung. Was zählt sind Timing und Präsenz.

Exkurs: Divergenz und Konvergenz – alle Hirnkapazitäten ansprechen

Das populärwissenschaftliche Hemisphärenmodell geht davon aus, dass die linke Gehirnhälfte stärker für das divergente oder logische Denken und die Informationsverarbeitung zuständig ist. Sie hat direkten Zugang zum

„wachen Bewusstsein“und wird insofern im Konzeptionsprozess durchgehend gefordert. Denn aus der Analyse entstehen Erkenntnisse und schlüssige Lösungsvorschläge. Konzeption steht für Klarheit, Struktur und Stringenz. Es scheinen diese Fähigkeiten zu sein, die auch bei der Präsentation vor allen Dingen gefragt sind: analysieren, planen und kontrollieren. Schön, wenn der Verstand des Publikums bei Präsentationen angemessen gefordert und zufriedengestellt wird. Das allein reicht aber nicht. Die rechte Gehirnhälfte, so die Theorie des Hemisphärenmodells weiter, ist eher für das konvergente Denken beziehungsweise die Produktion ganzheitlicher, musischer, intuitiver und kreativer Prozesse zuständig. Hier setzt Garr Reynolds[1] in seinem Buch „Zen oder die Kunst des Präsentierens“ an. Er bezieht sich dabei auf „Unsere kreative Zukunft“[2] von Daniel Pink. Beide Autoren stellen den rationalen Kompetenzen bei der Präsentation kreative Fähigkeiten gegenüber, die die Grundlage für einen ausgewogenen, ganzheitlichen Auftritt liefern.

Text-Charts sind zwar geeignet, den persönlichen Vortrag, die Rede und den Auftritt zu unterstützen. Auch technische Vortrags- und Strukturierungshilfen, die dem Hirn zusätzliches Futter liefern, sind nützlich, um Botschaften zu verstärken und Orientierung zu geben. Aber: Diese Mittel ersetzen nicht den Menschen und seine persönliche Ansprache. Wer präsentiert, steht im Mittelpunkt! Umso wichtiger, dass Vortragende sich selbst gut finden.

Die sechs Kompetenzen der rechten Hirnhälfte nach Daniel Pink.

Design	nicht nur Funktionen
Geschichten	nicht nur Argumente
Symphonie	nicht nur Konzentration
Einfühlungsvermögen	nicht nur Logik
Spiel	nicht nur Ernst
Sinn	nicht nur Fakten

Die eigene Wirkung auf andere zu kennen, macht souverän. Nur wer von sich und dem Konzept überzeugt ist, kann überzeugend präsentieren. Wer selbstsicher ist, kann klare Empfehlungen geben. Zweifel am Konzept oder an der eigenen strategischen Kompetenz vermitteln den Eindruck, es könnte auch eine bessere Lösung geben.

11.2 Leuchten, Strahler, Spotlights: Sprache und Dramaturgie

Dramaturgie ist der Schlüssel zum Erfolg von Präsentationen, die die Aufmerksamkeit der Zuhörenden führen und halten. Um einen Spannungsbogen aufzubauen, braucht es einen Höhepunkt. Soll er bei den entscheidenden Schlussfolgerungen aus der Analyse liegen, die alle nachfolgenden Überlegungen zu Strategie und Taktik zwingend erscheinen lassen? Oder ist es die Positionierung, die die Kommunikation qualitativ auf ein neues Level hebt? Oder die Strategie als Schlüssel zur Problemlösung? Eine Präsentation ist eine Inszenierung, ein kreativer Akt. Die Modulation der Sprache, eingesetzte Bilder, Positionswechsel im Raum oder auch personelle Wechsel tragen dazu bei.

Wer Menschen berühren möchte, erzählt Geschichten, komponiert eine Symphonie, lädt zum Mitspielen ein und verleiht der Kommunikation Bedeutsamkeit.

Mit einem Check-in beginnt der Präsentationsbogen. Die beteiligten Personen stellen sich vor, stimmen sich und ihr Publikum auf das Thema ein und klären gegebenenfalls noch einmal die organisatorischen Bedingungen wie Zeitfenster und Vereinbarungen zum Ablauf. Dann folgt der Hauptteil, der besonders überzeugen muss. Die Präsentation endet mit einem Check-out. Ein starker Impuls leitet in die Diskussionsphase über. Das kann eine gezielte Frage an das Publikum sein, die Aufforderung zur Diskussion über den Schlüsselgedanken des Konzepts, das Angebot für die Zusammenarbeit oder eine interessante These. Ganz am Ende steht die Verabschiedung mit einer verbindlichen Vereinbarung über die nächsten Schritte.

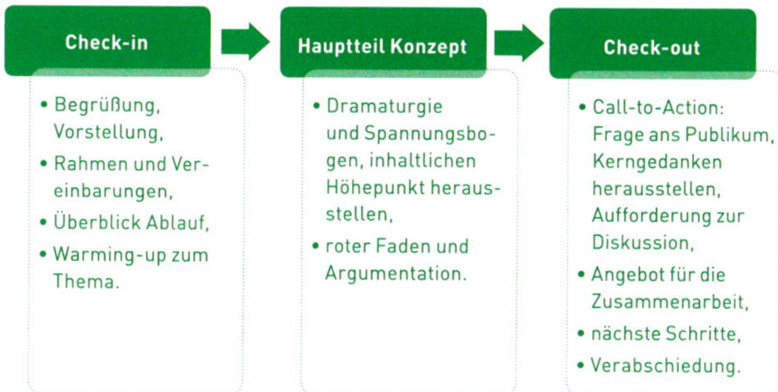

Abbildung 25: Struktur einer Präsentation

Kohärenz

Kohärenz (lateinisch cohaerere = zusammenhängen) ist ein Begriff, der in der Physik, der Linguistik oder der Psychologie genutzt wird. In der Psychologie beschreibt er die logische Abfolge von Gedanken. Ein kohärenter Gedankengang ist nachvollziehbar und in sich schlüssig. Er stellt einen Erklärungszusammenhang her. Kohärenz ist das Grundprinzip der Konzeption und unterstützt auch bei der Präsentation von vornherein eine schlüssige Argumentation von der Analyse bis zur Taktik. Ein Kohärenzgefühl stellt sich ein, wenn Ereignisse verstehbar, geordnet und erklärlich (im Gegensatz zu widersprüchlich und willkürlich) erlebt werden; wenn sie als sinnvoll und bedeutsam erscheinen und auch als handhabbar empfunden werden: Das Problem ist lösbar, die Ressourcen sind vorhanden. Der Begriff Kohärenzgefühl geht auf den israelisch-amerikanischen Medizinsoziologen und Stressforscher Aaron Antonovsky und sein Hauptwerk zur Salutogenese zurück, in dem er menschliche Heilungsprozesse untersucht.[3]

Die Präsentation ist eine Unterhaltung mit dem Publikum

Sprache wirkt als Werkzeug, das Verständnis erzeugt. Für das Gelingen des Vortrags gelten einige sprachliche und körpersprachliche Regeln: Ein verbindlicher Tonfall, die persönliche Ansprache und 90 Prozent Blickkontakt stellen Verbindung her und erzeugen Aufmerksamkeit. Wechsel in Sprechtempo und Tonhöhe vereinfachen das Zuhören. Pausen sind so wichtig wie (Rück-)Verweise und Zwischenfazits, damit die Zuhörenden folgen können. Versprecher lassen den Vortrag authentischer wirken als eine technisch glatte Präsentation, die wie ein Standardvortrag wirkt. Der Einstieg und der Abschluss des Hauptteils hinterlassen einen besonders prägenden Eindruck. Entsprechend gut sollte beides vorbereitet sein. Wer keine Vortragsroutine hat, sollte diese Sequenzen zur Sicherheit unbedingt mit einem internen Publikum einüben.

Wie lange dauert eine Präsentation?

Meist ist die Zeit, die zur Verfügung steht, vorgegeben. Je nach Umfang der Aufgabe sind 15 bis 40 Minuten für den Präsentationsteil und noch einmal in etwa so viel Zeit für anschließende Fragen und Anmerkungen angemessen. Aus psychologischer Sicht gelten 20 Minuten als optimal. So lange können Menschen sich im Schnitt auf einen Vortrag konzentrieren. Je nach Setting, zum Beispiel im Rahmen von eng getakteten Sitzungen, kann das Zeitlimit aber auch bei 10 Minuten oder sogar darunter liegen.

Für den in der Regel umfangreichsten Teil, die Taktik, gibt es verschiedene Präsentationsformate:

- **Lexikalische Präsentation:** Sämtliche der geplanten Maßnahmen werden vorgestellt. Der Vorteil: Das Publikum kann alle Überlegungen im Einzelnen mitvollziehen und nichts geht verloren. Das ist aber oft zu viel, nimmt einen großen Teil der wertvollen Zeit in Anspruch und geht schnell in eine monotone Aufzählung über.

- **Punktuelle Präsentation:** Zwei, maximal drei für die strategische Stringenz wichtige Maßnahmen werden herausgegriffen und detailliert dargestellt. Nur schade, wenn gerade diese Maßnahmen in den Augen der Zuhörenden einen falschen Schwerpunkt setzen.

- **Exemplarische Präsentation:** Ausgewählte Maßnahmenbeispiele verdeutlichen den Kommunikationsprozess. Vorteilhaft ist dabei, dass alles Wichtige erläutert wird. Weniger Wichtiges kann mit einem Verweis auf die ausführliche Dokumentation entfallen. Diese Methode hat die wenigsten Nachteile, weil sie den Erfolgsweg schildert.

11.3 Heckenschere oder Harke: die Wahl der Werkzeuge

Keine Präsentation gleicht der anderen. Kein Setting ist wie das vorherige. Deswegen liegt es nahe, die technischen Hilfsmittel so zu wählen, dass sie den jeweiligen Vortrag best-

> **„Resultate, nicht Versuche** *gehören vor das Publikum.“*
>
> Marie von Ebner-Eschenbach (1830–1916), österreichische Erzählerin, Novellistin und Aphoristikerin

Sprache und Körpersprache

- **Achten Sie im Hauptteil auf einen starken Einstieg,** der überrascht oder nachdenklich stimmt und Aufmerksamkeit bindet. Formulieren Sie die ersten Sätze wörtlich vor: „Wir haben in den vergangenen Wochen mit Ihren Gartenzwergen gearbeitet, gelebt, geliebäugelt. Wir haben Sie aus der Nähe betrachtet und dann wieder mit viel Abstand. Die Auseinandersetzung hat uns an Studien herangeführt, über Gartenzäune schauen und über Trends und Traditionen nachdenken lassen (...).“ Tragen Sie auch die ursprüngliche Aufgabenstellung noch einmal im Wortlaut vor.

- **Versetzen Sie sich in die Situation der Zuhörenden.** Davon lassen Sie sich leiten. Wie ist die Stimmung? Die „Empathiekarte“ (siehe Kapitel 7 Zielgruppen) hilft dabei, sich in das Publikum beziehungsweise die einzelnen Persönlichkeiten hineinzuversetzen, nicht nur rational, sondern auch emotional. Beziehen Sie das Publikum ein: durch (rhetorische) Fragen, direkte Ansprache, Wir-Aussagen: „Als wir uns das erste Mal über den Auftrag verständigt haben, gingen Sie und wir davon aus, dass die Zwerge Kleingärtner*innen genauso interessieren würden wie junge Menschen.“

- **Verzichten Sie auf Abstraktion und Negationen.** Beides führt in die Irre oder zum gedanklichen Ausstieg. Fachbegriffe und Fremdworte stellen eine Hürde in der Verständigung dar. Das Verwenden von geläufigen Begriffen aus der Organisationskultur (und übrigens auch fehlerfrei ausgesprochene Namen) erzeugen Nähe, Sympathie und den Impuls, das Gehörte positiv zu bewerten. Setzen Sie eine alltagsnahe und bildreiche Verbensprache ein, die anspruchsvoll, aber unmittelbar verständlich ist. Zielführend sind aktive, bildhafte Formulierungen, die die Vorstellung anregen.

- **Führen Sie das Publikum gedanklich in die Zukunft.** Erzählen Sie, wie es dort sein wird. Was genau wird sich im geplanten Kommunikationsprozess ereignen? Was wird die Zielgruppe erleben? Welche überraschenden Fakten haben zu welchen Ideen in der Zukunft geführt? In welcher Atmosphäre wird die Veranstaltung ablaufen? Welchen Sog wird die Indoor-Garten-Challenge entfalten? Wie hören sich die Beiträge im privaten Rundfunk an? etc.

- **Achten Sie auf Klang und Dramaturgie:** Nutzen Sie rhetorisch einen abwechslungsreichen Satzbau und Varianten in Satzlänge, Lautstärke und Sprechtempo. Fangen Sie jeden Satz anders an, sprechen Sie mal schneller, mal langsamer, mal lauter, mal leiser.

- **Kommen Sie auf bestimmte Aussagen immer wieder zurück,** damit Ihnen das Publikum besser folgen kann: „Ich möchte noch einmal daran erinnern: Für traditionelle Schrebergärten kommen die Zwerge genauso wenig in Frage wie für hippe Gärten oder Urban-Gardening-Gruppen. Die Menschen, die sich aufgrund der Outfits und Beschaffenheit mit ihnen identifizieren würden, gehören heute noch nicht zu Ihren Kund*innen und sie haben überwiegend keine Gärten."

- **Ein guter Kontakt zum Publikum ist wichtig:** Achten Sie darauf, dass Sie von allen gut gesehen und gehört werden. Sie stehen im Mittelpunkt einer imaginären Bühne im Konferenzraum, am runden Tisch oder in der Videokonferenz. Lassen Sie Ihr Publikum im wahrsten Wortsinne nicht aus den Augen. Sie sollten 90 Prozent Blickkontakt halten. Wenden Sie sich nicht ab und Ihren Charts zu. Sie riskieren damit, dass die Verbindung – zumindest vorübergehend – abbricht. Bauen Sie deshalb außerdem Pausen ein und greifen Sie Reaktionen aus dem Publikum auf. Damit stärken Sie die Intensität und steuern die Atmosphäre.

- **Achten Sie auf Ihre Körpersprache:** Mimik und Gestik sind individuelle und starke Überzeugungsinstrumente. Stimme, Hände, Augen sprechen mit und verstärken das Gesagte. Sie sollten gezielt und nicht widersprüchlich eingesetzt werden zum Beispiel unter anderem um Momente von besonderer Bedeutung anzukündigen. Holen Sie sich für die Routine vor Präsentationen immer wieder Feedback von Kolleg*innen ein und nehmen Sie regelmäßig Trainings vor der Kamera wahr.

möglich unterstützen. Leider werden Powerpoint-Präsentationen mit Laptop und Beamer zu selten hinterfragt. Powerpoint verführt dazu, sich ausschließlich vom vorstrukturierten Aufbau der Folien und der seriellen Abfolge leiten zu lassen. Die Präsentation wird geöffnet, und es geht los. Dabei ist Passgenauigkeit zu Inhalt, Publikum und räumlichen Gegebenheiten gefragt. Es ist nicht sinnvoll, mit der gleichen Schaufel die Geranien umzutopfen und das Kartoffelfeld umzugraben. Der Zweck bestimmt die Mittel. Form follows function. Das Repertoire der technischen Hilfsinstrumente ist groß:

- Powerpoint, Keynote, Prezi und weitere Präsentationssoftware,
- Flipchart für Live-Mitschriften,
- Graphic Recording auf langen Papierwandstreifen – vorbereitet oder live,
- Pinnwände und Klebezettel oder klassische Kärtchen,
- Bewegtbild in Form von kurzen Filmen, Simple Shows oder aufgezeichneten Interviews,
- großformatige Canvas,
- Plakate,

- **Freie Rede wirkt überzeugender als das Ablesen von Charts.** Allerdings ist es zum Teil notwendig, kurze Textpassagen auf Powerpoint-Charts, Redekärtchen oder Flipcharts im Wortlaut vorzutragen. Insbesondere in den Teilen Positionierung und Strategie sollten sie langsam und wortwörtlich genau das wiedergeben, was auch auf den Charts mitzulesen ist. Denn diese Kapitel enthalten die verdichtete Lösung und sind für die Entscheidung besonders relevant. Setzen Sie hier Höhepunkte, indem Sie vorher eine dramaturgische Pause einbauen.

- **Bereiten Sie einen starken Abschluss vor.** Anfang und Ende bleiben im Gedächtnis. Formulieren Sie deshalb auch das Ende aus. „Wir sehen eine begeisterte Bewegung junger Menschen vor uns, die sich zu Hause, in der eigenen Wohnung, Beete und Gärten mit besonderen Gartenzwergen einrichten, die es sich grün und gemütlich machen. Eine Bewegung, die von Ihnen ausgegangen ist! Die Schweizerin Brigitte Fuchs hat einmal gesagt: ‚Je kleiner der Garten, umso größer die Zwerge.' Genauso ist es. Vielen Dank."

Für den Einstieg in die Präsentation

Überlegen Sie sich die ersten fünf Sätze Ihrer Einleitung für den Fall der Blaumeisen-Krise (siehe Kapitel 10 Taktik). Bedenken Sie, dass Ihr Publikum unruhig und überlastet ist. Alle sind zu schnellem Handeln gezwungen. Das Bedürfnis nach Sicherheit ist besonders hoch. Außerdem wird ein respektvoller und umsichtiger Umgang mit der Situation erwartet.

- ausgedruckte Unterlagen zum Mitblättern und Notizen machen,
- Gegenstände wie Landkarten, Grundrisse, Prototypen, Modelle, Produkte zum Sehen, Anfassen, Riechen und Schmecken,
- Musik,
- Moodboards: Collagen, die Stimmungen vermitteln.

Fünf Schritte zur ansprechenden Power Point oder Key Note

Für den Aufbau visuell starker Powerpoint- oder Keynote-Präsentationen empfiehlt Garr Reynolds[4] fünf Schritte:

Schritt 1: Ideen sammeln

Die rechte Gehirnhälfte ist gefragt. Den Anfang macht ein Brainstorming für die Präsentation – allein oder im Team. Alle Ideen und Vorschläge kommen auf den Tisch beziehungsweise auf Haftzettel an die Wand. Nichts wird aussortiert. Nichts wird bewertet. Das Ziel ist Quantität (siehe Kreativtechniken in Kapitel 8). Jeder „abwegige“ Gedanke ist willkommen.

Schritt 2: Gruppieren und den Kern erkennen

Jetzt geht es darum, Kernaussagen zu finden. Ähnliche Gedanken werden grob geclustert. Die oben vorgeschlagene Dreiteilung in Einleitung, Hauptteil und Schluss ist nur eine Möglichkeit der Strukturierung. Wichtig ist, dass sich alle Blöcke immer wieder auf die Kernaussage aus dem Hauptteil beziehen. Sie bildeten den roten Faden der Geschichte, die in der Präsentation erzählt wird.

Schritt 3: Storyboard ohne Computer anlegen

Alle Haftzettel werden jetzt in Gruppen und der Reihe nach ausgelegt. Dazu dient ein größeres Blatt oder das Flipchart. Die Abfolge kann jederzeit ergänzt oder umgestellt werden, ohne dass der Überblick über Struktur und Präsentationsablauf verlorengeht. Schlüsselaussagen werden am Rand vermerkt.

Schritt 4: Folien skizzieren

Das Thema und die Kernaussage sind jetzt gefunden und die für die Argumentation wichtigen Aussagen in den Ablauf eingefügt. Nun beginnt die Arbeit an der Darstellung. Die Leitfrage ist: Wie lässt sich der Gedanke oder

Moodboard

Ein Moodboard (engl. *mood* „Stimmung", *board* „Tafel") vermittelt als Arbeits- und Präsentationsinstrument visuelle Ideen, aber auch Stimmungen eines künftigen Zustandes und schließt methodisch an das Design Thinking an. Fotos, Zeichnungen, Materialien oder kurze Texte werden an einer Wand als lose Montage frei arrangiert, so dass beim Betrachten beispielsweise ein Gefühl für den Alltag einer Zielgruppe oder das Look & Feel einer Broschüre entsteht. Die eingesetzten Materialien lassen sich auch auf Pappen oder digital anordnen. Moodboards kommen in allen kreativen Bereichen von der Architektur bis zum Webdesign zum Einsatz. Bei der Auswahl der Elemente gibt es kaum Grenzen. Ergänzend zu Bildmaterial und Stoffen können auch Geräusche aufgenommen oder Gerüche simuliert werden. Die Zukunftsforschung arbeitet sogar mit komplett ausgestalteten Räumen, um Trends wirklich sichtbar, greifbar und spürbar zu machen.

die Idee visualisieren, damit sie dem Publikum leichter zugänglich ist und in Erinnerung bleibt? Aus groben Skizzen werden am Ende dieser Phase aussagekräftige Bildmotive, Zahlen, Texte und Grafiken abgeleitet.

Schritt 5: Storyboard anlegen

Wenn die Visualisierung der Präsentationsinhalte bereits geklärt ist, erübrigen sich die Schritte 3 und 4. Der Aufbau eines oder mehrerer Powerpoint- oder Keynote-Masters kann unmittelbar beginnen. In die Folien werden visuellen Komponenten wie Sätze, Worte, Bilder, Zitate, Grafiken, Illustrationen, Zahlen und Schaubilder eingefügt, die die Erzählung stützen. Die Kapitel beginnen mit farblich abgesetzten Pufferfolien zur schnellen Orientierung.

Die Bandbreite der Situationen, in denen Konzepte präsentiert werden, ist groß und hängt häufig auch mit der Entwicklungsgeschichte des Konzepts selbst zusammen. Konzepte, die in Co-Creating-Prozessen entstehen, werden auch meist im Team vorgestellt. Wenn in der Briefingphase bereits ein Schulterblick möglich war, ist jetzt keine lange Einleitung mehr erforderlich.

Im Spektrum zwischen Tischgespräch und multimedialer Inszenierung liegen die Spielvarianten für Präsentationsformate. Wer sich schon einmal mit Miniaturpappen vor einem 70-Personen-Auditorium im großen Saal verloren hat oder den Beamer im Arbeitszimmer des dreiköpfigen Projektteams installiert, weiß, dass bestimmte Konstellationen ungeeignet sind.

11.4 Gartenschau: Präsentationsformen und -anlässe

Agenturen und Berater*innen stehen häufig in einer Wettbewerbssituation. Zu den großen Pitches holt die Auftrag gebende Seite in der Regel mehrere Vorschläge ein. Bei öffentlichen Ausschreibungen ist der Angebotsvergleich sogar Pflicht. Aber auch innerhalb von Organisationen kann es zu solchen Wettbewerbssituationen kommen, wenn mehrere Teams dazu aufgefordert sind, eine Konzeptskizze oder einen strategischen Lösungsvorschlag vorzulegen. Wettbewerbspräsentationen erfordern eine besondere Vorbereitung und Klärung:

- **Mitbewerb:** Wer ist noch im Rennen? Welche Personen werden wahrscheinlich auftreten? Was sind deren Stärken und Schwächen? Womit werden sie punkten?

- **Positionierung:** Wo liegen die eigenen Stärken in Bezug auf die Präsentation und die fachliche Ausrichtung? Womit lassen sich besondere Akzente setzen? Machen Kreativität und unerwartete Ideen den Unterschied? Oder ist eher die solide Partnerschaft an der Seite der Organisation gefragt? Welche besonderen, fallbezogenen Vorerfahrungen und Expertisen überzeugen?

- **Setting:** Kommen alle Agenturen am gleichen Tag zur Präsentation? Oder sind mehrere Tage, vielleicht sogar mit personellen Wechseln im Publikum, vorgesehen?

- **Timing:** Wer präsentiert wann? Denn ganz am Anfang sollte es ein „Warming-up" geben und direkt nach der Pause einen dramaturgischen Einfall gegen das Mittagstief. Das Team wiederum sollte sich zum Abschluss bewusst machen, was das Gremium heute ganz sicher schon viele Male gehört hat.

Ein Canvas für das Kommunikationskonzept

Das Canvas (deutsch: Leinwand oder Segeltuch) stellt den gesamten Konzeptionsprozess auf einen Blick dar. Die Grundidee geht auf Alexander Osterwalder[5] zurück, der es 2008 zur Abbildung von Geschäftsmodellen entwickelt hat. Ein Canvas lässt sich ganz einfach selbst nachbauen. Schon im Entstehungsprozess ermöglicht es einem Team, ein Konzept gemeinsam in Grundzügen zu entwickeln.

- Nutzen Sie ein Flipchart oder Brown-Paper mit Pinnwand und übernehmen Sie die Aufteilung in Felder (oder drucken Sie das Canvas im A0-Format aus).
- Sammeln Sie im Team Ideen und halten Sie sie mit Klebezetteln und Stiften stichwortartig in den entsprechenden Feldern fest. Sie können so lange ergänzen, umstellen und Ideen wieder entfernen, bis es passt.
- Beginnen Sie bei der Analyse, aber vermerken Sie erste Ideen zu Zielen, Zielgruppen, Positionierung/Botschaften und Strategie für die spätere Diskussion schon parallel.
- Ideal ist es, wenn eine Person den Prozess moderiert und darauf achtet, dass alles Relevante auch wirklich im Canvas festgehalten und die Abfolge der Konzeptstufen eingehalten wird.
- Je nach Setting und Auftrag ist das Canvas für einen Schulterblick im Entstehungsprozess oder sogar für eine Werkstattpräsentation nutzbar.
- Wer das entstandene Kommunikationskonzept mehr als einmal einsetzt, kann es auch auf eine stabile Plane drucken lassen.

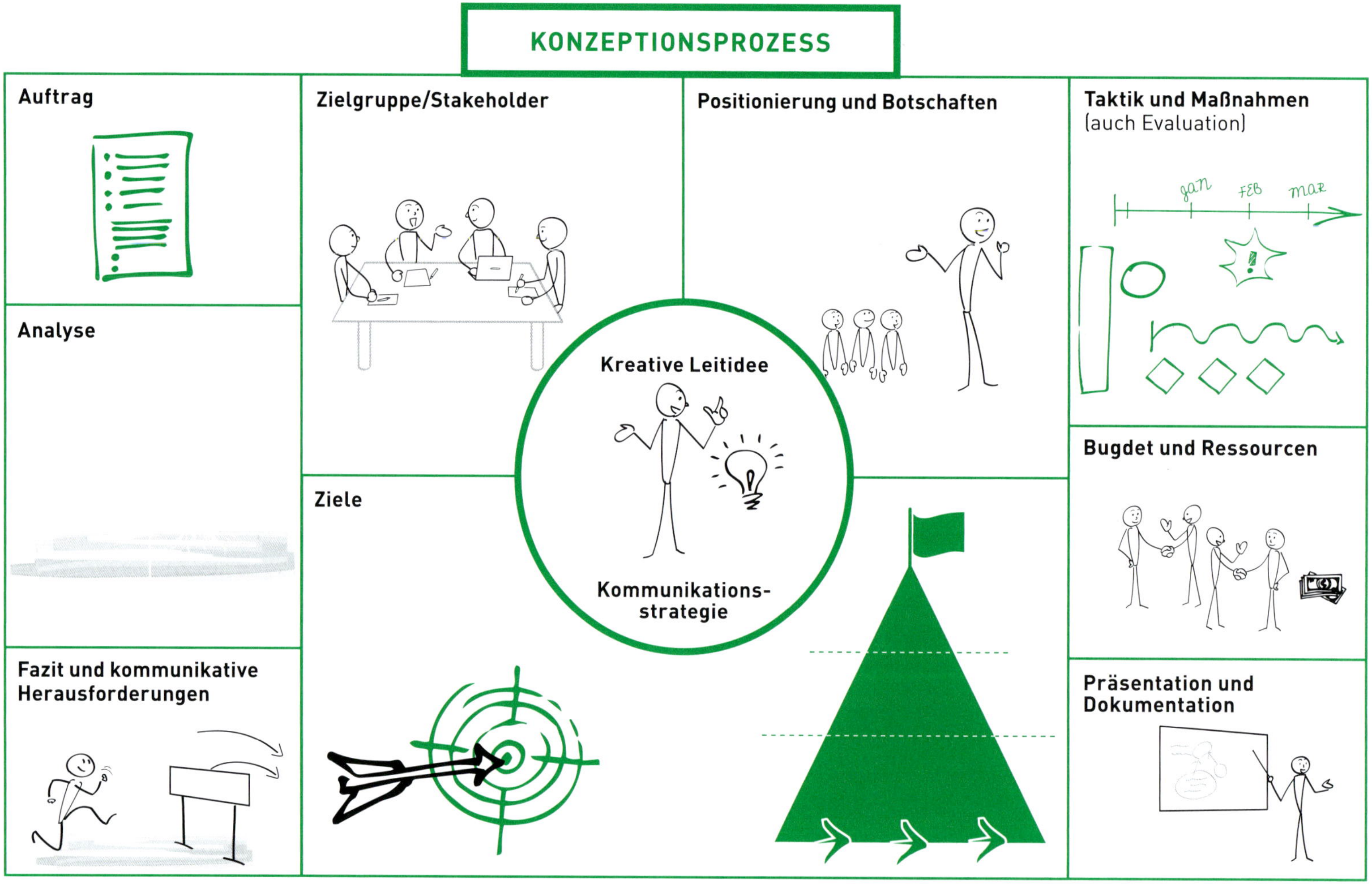

Abbildung 26: Canvas-Kommunikationskonzept

Konzepte überzeugen nicht durch Informationsmenge. Das war früher anders, als der Zugang zu Informationen noch nicht einen Mausklick entfernt lag. Heute konzentriert sich das Interesse auf die Verarbeitung und Kontextualisierung von Informationen, die unterscheidbar machen. Wer präsentiert, sollte deshalb vor allem mit Erkenntnissen punkten.

11.5 Nadel im Heuhaufen: im Team auf Fragen vorbereitet sein

Eine Präsentation ist dann gelungen, wenn sie alle Beteiligten überzeugen konnte und das Konzept anschließend umgesetzt wird. Die Präsentation wird in Probeläufen, sogenannten Rehearsals, geübt. Ein Spiegel oder Stativ mit Smartphone genügt, um die eigene Wirkung und Schlüssigkeit der Argumentation zu überprüfen. Rehearsals sind besonders empfehlenswert, wenn mehrere Personen das Konzept gemeinsam vorstellen um Übergänge abzusprechen und einzuüben. Es ist ein guter Selbsttest, die Kernelemente des Konzepts in wenigen Sätzen frei zu referieren. Genauso wichtig wie die Präsentation selbst ist die Diskussion im Anschluss. Hier fällt die Entscheidung, ob und wie das Konzept umgesetzt wird.

Hochbeet, Rabatte, Rondell: Settings für die Präsentation

Die folgenden Beispiele verdeutlichen, warum es nicht sinnvoll ist, von einem Standard für alle Situationen auszugehen:

- **Präsentation im erweiterten Kreis:** Die verantwortliche Kommunikationsleitung der Abteilung Gartenschmuck hat entschieden, dass auch Kolleg*innen der Segmente Gartenerde und Gartengeräte an der Präsentation teilnehmen sollen. Hintergrundüberlegung ist: Wenn sich die Agentur als kompetent erweist, sollte sich die zukünftige Zusammenarbeit unter Umständen auf das Gesamtunternehmen ausweiten. In dieser Runde kann weder an Vorgespräche zum Auftrag angeknüpft noch die Bekanntheit der Agentur bei allen vorausgesetzt werden. Die Präsentation beginnt sinnvollerweise mit einer kurzen Vorstellungsrunde. Sie schließt inhaltliche Kenntnisse über das gesamte Unternehmen ein. Die Form der Präsentation ist auf die Größe der Runde und die Standards des Hauses eingestellt: Eine Powerpoint-Präsentation mit anschließender Diskussion ist der Dimension angemessen. Gestaltungsvorschläge sind in einem solchen Kreis noch auf Pappen darstellbar, auf die Bezug genommen werden kann, wenn Beamer oder Screen schon ausgeschaltet sind. Die Gartenzwergstrategie hat positive Effekte auf weite Teile des gesamten Produktportfolios, weil die neuen Indoor-Gärtner*innen auch Pflanzen, Pflanzenpflege, Pflanzgefäße benötigen werden. Um dies zu verdeutlichen und die große Runde strategisch zu nutzen, ist es sinnvoll, ein Miniaturmodell eines Indoor-Gartens zu präsentieren und viele Fotos von Indoor-Gartenvarianten einzubauen. Sie begleiten den Claim „Mach es Dir grün und gemütlich!".

- **Werkstatt-Präsentation:** Die Garten & Schmuck GmbH, Abteilung Gartenschmuck, hat in der Briefingphase mehrere Schulterblicktermine mit dem Beratungsteam durchgeführt. Auch wenn die Agentur zu jeder Stufe den konzeptionellen Input eigenständig erarbeitet und geliefert hat, hatten die Treffen Workshop-Charakter. Die Zusammenarbeit ist damit bereits erprobt. Das Team hat dafür die Arbeitsmethoden Metaplan und Flipchart eingesetzt. So ist es am besten möglich, Ideen für alle gut sichtbar zu skizzieren, Schrittfolgen und Zusammenhänge aufzuzeigen und Überlegungen auch wieder zu verwerfen oder anders zu priorisieren. In diesem Fall sollte für den Abschluss eine Werkstatt-Präsentation gewählt werden, bei der bestenfalls die gleichen Methoden in Kombination mit einem Moodboard zum Einsatz kommen. Eine techniklastige Frontalpräsentation wäre ein unangemessener Bruch.

- **Die Management-Summary-Variante:** Die Garten & Schmuck GmbH ist Mitglied eines landesweiten Beirates „Schutz und Zukunft der Gartenzwerge", in dessen Mitte sich das Unternehmen mit dem neuen Konzept profilieren möchte. Vertreter*innen aus Wettbewerbsunternehmen, Vereinen, Stiftungen und unabhängigen Initiativen, ja sogar ein Fachjournalist, gehören dem 60 Personen umfassenden Beirat an. Anlässlich einer gerade laufenden Fachmesse kommen alle Beteiligten in einem Konferenzsaal zusammen. Auf der umfangreichen Agenda ist unter „TOP 3–Neuentwicklungen und Marketing" die Präsentation der Garten & Schmuck GmbH „zur Einführung neuartiger Zwergtypen" vorgesehen. Die Tagesordnungspunkte davor und danach behandeln ganz andere Themen. Alle Anwesenden haben ein Interesse daran, die Agenda bis zum Ende der Konferenz abgearbeitet zu haben. Die Zeit ist kostbar. Die Agentur muss es schaffen, knapp und abgestimmt auf die räumlichen Verhältnisse einen überzeugenden Eindruck zu vermitteln. Pappen, Flipcharts und Pinnwände sind kaum die richtigen Methoden. Sinnvoll ist es, einen kurzen Film zu zeigen, die Präsentation ganz im Stil eines Kurzvortrags zu gestalten und für die anschließende Diskussion ein Saalmikrofon einzusetzen. Reduktion auf das Wesentliche wird erwartet und der Situation gerecht. Im Mittelpunkt stehen Strategie, Positionierung und die Leitidee. Die Herleitung beschränkt sich auf wenige Minuten, denn mit großer Sicherheit liegt die zeitliche Vorgabe bei maximal 15 bis 20 Minuten für den gesamten Auftritt. Höchstens zwei Personen präsentieren.

Das Konzept nach innen verkaufen: Nach einer ersten Präsentation im kleinen Kreis hat sich der Vertriebsleiter der Garten & Schmuck GmbH bereiterklärt, das Konzept zusammen mit der Seniorberaterin der Agentur auf einer internen Vertriebstagung vorzustellen. Die Zuständigen sollen von Anfang an in die strategischen Überlegungen einbezogen werden, denn das Unternehmen eröffnet erstmals eine Online-Handelsplattform. Zur Tagung sollen 120 Mitarbeitende kommen. In dieser Situation ist aufgrund der Dimension eine ähnliche Vorbereitung wie bei der Beiratssitzung notwendig. Die Rollen und Redeparts von Vertriebsleiter und Agentur müssen geklärt sein. Der inhaltliche Fokus liegt auf der Unternehmensstruktur, schließt Abläufe ein und schafft Transparenz über die Beweggründe der Leitung für die Einführung der neuen Zwerge. Die Belegschaft wird in den Indoor-Garten-Trend eingeführt und soll selbst Lust darauf bekommen. Begehbare Modelle beziehungsweise eine Modellwohnung mit Indoor-Garten würden die Begeisterung unterstützen. Methodisch ist es weiterhin sinnvoll, den Vortragsteil eher kurz zu halten und Fragen oder Anregungen in nachfolgenden Workshops zu reflektieren. Kleinere Gruppen sind arbeitsfähiger. Damit ist bereits der erste Schritt zur internen Implementierung des Konzepts geleistet.

Dafür muss genügend Zeit einkalkuliert sein. Außerdem ist es ratsam, mögliche Fragen zu antizipieren, Antworten darauf bereits vorzubereiten und zu vereinbaren, wer welche Fragen beantwortet. Die Kenntnis des anwesenden Personenkreises hilft dabei.

Wer präsentiert?

Spätestens am Ende des Konzeptionsprozesses wird entschieden, wer präsentieren soll. Für die Zusammenstellung des Teams gelten folgende Regeln: Auf jeden Fall ist mindestens eine Person dabei, die das Konzept federführend erstellt hat. Je kürzer die Präsentation, desto weniger Personen wechseln sich im Vortrag ab. Je langfristiger und umfangreicher der spätere Kommunikationsprozess, desto größer das Team, das präsentiert. Es kann taktisch klug sein, in das Präsentationsteam mindestens eine Person einzubeziehen, die einem Gegenüber im Publikum fachlich und hierarchisch gleichgestellt ist. Die Entscheidung hängt von der Organisationsstruktur und -kultur ab. Je flacher die Hierarchie einer Organisation, umso weniger Bedeutung hat erfahrungsgemäß die Frage nach „Rang und Namen". Dann dürfen auch ganz praktische Kriterien den Ausschlag geben, zum Beispiel, wer im Projekt später mitarbeitet. Das gilt auch für externe Partner*innen die im Co-Creating-Prozess von Anfang an beteiligt waren. Der Kreis lässt sich um Personen mit fachlicher Expertise ergänzen. Ab mehr als drei Wechseln wird es für das Publikum eher unübersichtlich. Teammitglieder, die in der Präsentation selbst keinen aktiven Part haben, können sich alternativ aber in der anschließenden Diskussion zu Wort melden und ihre Themenschwerpunkte und Kompetenzen zum Ausdruck bringen.

11.6 Trockensträuße und Herbarien: die Dokumentation

Konzepte werden schriftlich festgehalten und am Ende der Präsentation überreicht beziehungsweise übermittelt. Dafür gibt es eine Bandbreite an Möglichkeiten, die mit der Präsentationsform zusammenhängen:

- **Management Summary:** eine Zusammenfassung der wesentlichen Aspekte des Konzepts auf zwei bis drei Textseiten oder Powerpoint-Charts. Das ist besonders empfehlenswert, wenn die Geschäftsführung oder Leitung in die Entscheidung eingebunden ist und wenig Zeit für die persönliche Auseinandersetzung bleibt.
- **Fotoprotokoll:** Fotos der in Konzeptionsworkshops erarbeiteten Lösungen auf Flipcharts und Pinnwänden, was sich empfiehlt, wenn das Konzept in Kooperation entstanden ist.
- **Charts der Präsentation:** vollständige Version der präsentierten PPT-Charts mit Kommentaren in der Notizenansicht.
- **Set mit ausführlichen Charts zusätzlich zur Präsentation:** Langversion der PPT-Charts, die außerdem alle erarbeiteten Schritte inklusive der vollständigen Analyseergebnisse und der kompletten Darstellung aller Maßnahmen, Zeit- und Kostenpläne enthält. Dieser Umfang kann richtig sein, wenn die Dokumentation die Entscheidungsgrundlage für die Umsetzung und den Budgetrahmen ist.
- **Langversion im Fließtext:** Das ist sehr zeit- und ressourcenaufwändig und kommt selten vor: Jeder umzusetzende Schritt wird prosaisch beschrieben. Wenn die Verantwortung

für die Umsetzung bei der Auftragsseite selbst liegt, und sie keine Hilfe durch eine externe Agentur oder Beratung erhält, ist der Aufwand aber gerechtfertigt. Die Dokumentation hat dann den Charakter eines Handbuchs oder einer Arbeitsanleitung.

Erntezeit: Wie es mit dem Konzept und den Zwergen weitergeht

Mit der Übergabe der schriftlichen Dokumentation ist der Konzeptionsprozess im engeren Sinne abgeschlossen. Konzeptionsarbeit kennt, wie bereits im ersten Kapitel dieses Buches beschrieben, eigentlich kein Ende. Der Prozess des Konzipierens, Präsentierens, Umsetzens, Evaluierens und Adjustierens kann sich mit einer gründlichen und gut durchdachten strategischen Grundidee so über längere Zeit fortsetzen. Gesteuerte Kommunikation in Organisationen gleicht einem Kreislauf. Auch dieses Buch ließe sich jetzt wieder von vorn lesen, um die eigenen Konzepte an veränderte Gegebenheiten anzupassen.

Die Gartenzwerge von Garten & Schmuck haben es geschafft. Sie bewohnen in großer Zahl die Indoor-Gärten ihrer Besitzer*innen. „#MachEsDirGrünUndGemütlich" ist zum vielzitierten Motto einer neuen Indoor-Garten-Bewegung jenseits der Hipster-Hotspots geworden. Das ist auch Plantfluencern nicht verborgen geblieben. Ihr Kreis hat sich um ganz normale Leute aus Kleinstädten erweitert, die aus reiner Begeisterung die kreativen Innen-Beete und Wohnungs-Dschungel ihrer Freunde posten. Der Ideenreichtum ist verblüffend und produziert immer wieder neue Bilder. Wer weiß, vielleicht ziehen irgendwann auch die Auszieh-Muffel viel früher in die eigenen vier Wände? Denn nur dort lässt sich die grüne Kleinoase richtig gestalten und genießen. Bei Garten & Schmuck denkt man schon über eine Limitited Edition für weitere Zwerge nach: Zum nächsten Weihnachtsfest soll es einen Nikolaus-Gartenzwerg geben Auf der Online-Plattform loggen sich, seit es Indoor-Gartenzwerge gibt, neue Nachwuchskund*innen ein, die froh sind, dass guter Rat rund ums Graben und Pflanzen zum Service gehört. Denn das kleine Indoor-Garten-Paradies soll ja gedeihen.

> **„Ein** *Garten* **entsteht nicht dadurch, dass man** *im Schatten sitzt."*
>
> Joseph Rudyard Kipling (1865–1936), britischer Schriftsteller

Leseempfehlungen

Antonovsky, Aaron: Salutogenese. Zur Entmystifizierung der Gesundheit. Hg. von Alexa Franke. Übersetzt von Alexa Franke und Nicola Schulte. Forum für Verhaltenstherapie und psychosoziale Praxis, Band 36. Tübingen: dgvt Verlag, 1997.

Baumgartner, Peter P.; Shata-Aichner, Eva: Rede – Vorträge, die berühren, begeistern und bewegen. 2. Auflage. Göttingen: BusinessVillage, 2018.

Durand, Annika. Rhetorik. Die Macht der Worte. Hamburg: Independently published, 2019.

Lakefield, Victoria: Körpersprache. Gestik, Mimik und Körperhaltung richtig deuten. Wie Sie erfolgreich Menschen lesen und die Macht der nonverbalen Kommunikation gezielt für mehr Erfolg und Überzeugungskraft einsetzen. Kindle Edition, 2020.

Losberg, Elisabeth: Rhetorik. Wie Sie durch Stimme, Körpersprache und Schlagfertigkeit erstklassige Reden halten, die Leute in Ihren Bann ziehen und Kritikern die Stirn bieten. Auch für Anfänger geeignet. Hamburg: Independently published, 2019.

Pink, Daniel H.: Unsere kreative Zukunft: Warum und wie wir unser Rechtshirnpotenzial entwickeln müssen. Dt. Erstausg., 1. Aufl. München: Riemann, 2008.

Reynolds, Garr: Zen oder die Kunst der Präsentation. Mit einfachen Ideen gestalten und präsentieren. Heidelberg: dpunkt Verlag, 2013.

Thiele, Albert: Präsentieren ohne Stress. Wie Sie Lampenfieber in Auftrittsfreude verwandeln. München: Dt. Taschenbuch-Verlag, 2013.

Anmerkungen

1 Reynolds, 2013: 15.

2 Vgl. Vgl. Pink, Daniel: Unsere kreative Zukunft. Warum und wie wir unser Rechtshirnpotenzial entwickeln müssen. München: Riemann, 2008.

3 Vgl. Antonovsky, Aaron, 1997.

4 Reynolds, 2013: 108 ff.

5 Vgl. Osterwalder, Alexander; Pigneur, Yves: Business Model Generation. Ein Handbuch für Visionäre, Spielveränderer und Herausforderer. Frankfurt am Main: Campus Verlag, 2011.

Querbeet / *Anhang*

12.1 Literaturverzeichnis

Ackermann, Fran; Eden, Colin: Making strategy. Mapping out strategic success. 2nd edition. London: Sage, 2011.

Antonovsky, Aaron: Salutogenese. Zur Entmystifizierung der Gesundheit. Forum für Verhaltenstherapie und psychosoziale Praxis, Band 36. Tübingen: dgvt Verlag, 1997.

Arendt, Hannah: Vita activa oder Vom tätigen Leben. Ungekürzte Taschenbuchausgabe, 19. Auflage. Piper 3623. München Berlin Zürich: Piper, 2018.

Baumgartner, Peter P.; Shata-Aichner, Eva: Rede – Vorträge, die berühren, begeistern und bewegen. 2. Auflage. Göttingen: BusinessVillage, 2018.

Bellinger, Vanya Eftimova: Marie von Clausewitz – the woman behind the making of On War. New York, NY: Oxford University Press, 2016.

Berkel, Karl: Konfliktforschung und Konfliktbewältigung – ein organisationspsychologischer Ansatz. Wirtschaftspsychologische Schriften der Universitäten München und Augsburg, Bd. 9. Berlin: Duncker & Humblot, 1984.

Besson, Nanette Aimée: Strategische PR-Evaluation. Erfassung, Bewertung und Kontrolle von Öffentlichkeitsarbeit. 3., überarb. und erw. Auflage. Organisationskommunikation. Wiesbaden: VS, Verl. für Sozialwissenschaften, 2008.

Bischl, Katrin: Die professionelle Pressemitteilung. Ein Leitfaden für Unternehmen, Institutionen, Verbände und Vereine. 2., aktualisierte und erw. Auflage. Wiesbaden: Springer VS, 2015.

Bleisch, Barbara; Huppenbauer, Markus: Ethische Entscheidungsfindung. Ein Handbuch für die Praxis. Zürich: Versus-Verlag, 2011.

Bleisch, Barbara: Wir müssen uns fragen, wohin die digitale Reise gehen soll. https://smart-wissen.ch/menschen/digitalisierung-barbara-bleisch/ [14.07.2020]

Brendel, Matthias; Brendel, Frank; Schertz, Christian; Reich, Helge; van Ess, Henk: Richtig recherchieren. Wie Profis Informationen suchen und besorgen. Ein Handbuch für Journalisten und Öffentlichkeitsarbeiter. 8., aktualisierte und überarbeitete Auflage. Frankfurt am Main: Frankfurter Allgemeine Buch, 2016.

Bruhn, Manfred: Unternehmens- und Marketingkommunikation. Handbuch für ein integriertes Kommunikationsmanagement. 2., vollst. überarb. und erw. Auflage. München: Vahlen, 2011.

Chandler, Alfred Dupont: Strategy and Structure. Chapters in the History of the Industrial Enterprise [Based on Intensive Studies of General Motors, DuPont, Standard Oil of New Jersey, and Sears, Roebuck]. 10. print. Cambridge, Mass.: MIT Press, 1978.

Clausewitz, Carl von; Pickert, Wolfgang; Schramm, Wilhelm von: Vom Kriege. 20. Auflage. Reinbek bei Hamburg: Rowohlt, 2013.

De Bono, Edward: Serious Creativity. Die Entwicklung neuer Ideen durch die Kraft lateralen Denkens. Stuttgart: Schäffer-Poeschel, 1996 .

Descartes, René; Ostwald, Holger: Discours de la méthode/Bericht über die Methode. Nachdr. Reclams Universal-Bibliothek, Nr. 18100. Stuttgart: Reclam, 2012.

Dörrbecker, Klaus; Hansen, Renée: Wie Profis PR-Konzeptionen entwickeln. Das Buch zur Konzeptionstechnik. 4. Auflage [Nachdr.]. Public Relations. Frankfurt am Main: FAZ-Institut für Management-, Markt- und Medieninformationen, 2003.

Durand, Annika: Rhetorik. Die Macht der Worte. Hamburg: Independently published, 2019.

Ettl-Huber, Silvia: Storytelling in Journalismus, Organisations- und Marketingkommunikation. Wiesbaden: Springer VS Verlag für Sozialwissenschaften, 2019.

Falkenberg, Viola: Pressemitteilungen schreiben. In zehn Schritten zum professionellen Pressetext. 7., vollst. überarb. und aktualisierte Auflage. Frankfurt am Main: Frankfurter Allgemeine Buch, 2014.

Fischborn, Gottfried: Politische Kultur und Theatralität. Aufsätze, Essays, Publizistik. Mit einem Vorwort von Joachim Fiebach. Bern: Peter Lang Ltd. International Academic Publishers, 2012: 15–24.

Fisher, Roger; Ury, William; Patton, Bruce: Das Harvard-Konzept. Die unschlagbare Methode für beste Verhandlungsergebnisse. Übersetzt von Jürgen Neubauer. 1. Auflage, erweitert und neu übersetzt. München: Deutsche Verlags-Anstalt, 2018.

Flockenhaus, Ute: 30 Minuten Gute Briefings, Offenbach: Gabal, 2016.

Fraser, Nancy: Umverteilung oder Anerkennung? Eine politisch-philosophische Kontroverse. Suhrkamp Taschenbuch Wissenschaft 1460. Frankfurt am Main: Suhrkamp, 2003.

Fröhlich, Romy; Szyszka, Peter; Bentele, Günter (Hrsg.): Handbuch der Public Relations. Wissenschaftliche Grundlagen und berufliches Handeln; mit Lexikon. 3., überarbeitete und erweiterte Auflage. Wiesbaden: Springer VS, 2015.

Gatterer, Harry: Unsere neue Zukunft. Mit den Mega-Trends in die Post-Corona-Zeit, 2020. https://www.zukunftsinstitut.de/artikel/mit-den-megatrends-in-die-post-coronazeit [13.07.2020]

Gigerenzer, Gerd; Kober, Hainer: Risiko. Wie man die richtigen Entscheidungen trifft. München: btb, 2014.

Gonser, Nicole; Rußmann, Uta (Hrsg.): Verschwimmende Grenzen zwischen Journalismus, Public Relations, Werbung und Marketing. Aktuelle Befunde aus Theorie und Praxis. Forschung und Praxis an der FH Wien der WKW, Wiesbaden: Springer VS, 2017.

Habeck, Robert: Wer wir sein könnten. Warum unsere Demokratie eine offene und vielfältige Sprache braucht. Köln: Kiepenheuer & Witsch, 2018.

Habermas, Jürgen: Theorie des kommunikativen Handelns. Band 1: Handlungsrationalität und gesellschaftliche Rationalisierung. 2. Auflage, Frankfurt am Main: Suhrkamp, 1981.

Habermas, Jürgen: Theorie des kommunikativen Handelns. Band 2: Zur Kritik der funktionalistischen Vernunft. 10. Auflage. Frankfurt am Main: Suhrkamp, 2016.

Haller, Michael: Methodisches Recherchieren. Konstanz: UVK, 2016.

Joye, Stijn; Heinrich, Ansgard; Wöhlert, Romy: 50 Years of Galtung and Ruge. Reflections on Their Model of News Values and Its Relevance for the Study of Journalism and Communication Today. In: CM: Communication and Media 11, Nr. 38 (2016): 5–28.

Kahneman, Daniel; Schmidt, Thorsten: Schnelles Denken, langsames Denken. München: E-Book der Verlagsgruppe Random House GmbH, 2012.

Kleine Wieskamp, Pia (Hrsg.): Storytelling. Digital – multimedial – social. Formen und Praxis für PR, Marketing, TV, Game und Social Media. München: Hanser, 2016.

Klinger, Ulrike; Otfried, Jarren: Öffentlichkeit und Medien im digitalen Zeitalter – zwischen Differenzierung und Neu-Institutionalisierung. In: Gapski, Harald; Oberle, Monika; Staufer, Walter (Hrsg.): Medienkompetenz als Herausforderung für Politik, politische Bildung und Medienbildung. Bonn: Bundeszentrale für politische Bildung, 2017.

Klinger, Ulrike: Aufstieg der Semiöffentlichkeit. Eine relationale Perspektive. In: Publizistik 63, Nr. 2 (Mai 2018): 245–267.

Klinger, Ulrike: „Wer hat Angst vor Algorithmen? Meinungsbildung in der digitalen Öffentlichkeit. In: Forum Wohnen und Stadtentwicklung, Nr. 5/2018, Schwerpunkt-Heft „Meinungsbildung vor Ort – Chancen für Stadtentwicklung und lokale Demokratie": 235–238.

Lakefield, Victoria: Körpersprache. Gestik, Mimik und Körperhaltung richtig deuten: Wie Sie erfolgreich Menschen lesen und die Macht der nonverbalen Kommunikation gezielt für mehr Erfolg und Überzeugungskraft einsetzen. Kindle Edition. 2020

Lakoff, George; Wehling, Elisabeth: Auf leisen Sohlen ins Gehirn. Politische Sprache und ihre heimliche Macht. 4., um ein aktuelles Nachwort ergänzte Auflage. Kommunikation/Gesellschaft. Heidelberg: Carl-Auer Verlag, 2016.

Lang, Stephen D. J.; Farine, Damien R.: A Multidimensional Framework for Studying Social Predation Strategies. Nature Ecology & Evolution, 2017, 1 (9): 1230–1239.

Losberg, Elisabeth: Rhetorik. Wie Sie durch Stimme, Körpersprache und Schlagfertigkeit erstklassige Reden halten, die Leute in Ihren Bann ziehen und Kritikern die Stirn bieten. Auch für Anfänger geeignet. Hamburg: Independently published, 2019.

Löffler, Miriam: Think Content! Grundlagen und Strategien für erfolgreiches Content-Marketing. 1. Auflage, 6., korrigierter Nachdruck. Rheinwerk Computing. Bonn: Rheinwerk, 2018.

Mast, Claudia; Huck-Sandhu, Simone: Unternehmenskommunikation – ein Leitfaden. 4., neue und erw. Auflage. UTB Betriebswirtschaftslehre, Kommunikationswissenschaft 2308. Stuttgart: Lucius & Lucius, 2010.

Meckel, Miriam: Der berechenbare Mensch. Was die digitale Evolution mit unserer Individualität und Freiheit macht. In: Pörksen, Bernhard; Narr, Andreas (Hrsg.): Schöne digitale Welt. Köln: Halem, 2019.

Meckel, Miriam (Hrsg.): Unternehmenskommunikation. Kommunikationsmanagement aus Sicht der Unternehmensführung. 2., überarb. und erw. Auflage. Wiesbaden: Gabler, 2008.

Mijnals, Patrick: Die Zukunft ist ein Garten. https://www.zukunftsinstitut.de/artikel/wohnen/die-zukunft-ist-ein-garten/ [13.07.2020]

Nowak, Rosemarie; Roither, Michael (Hrsg.): Interne Organisationskommunikation. Theoretische Fundierungen und praktische Anwendungsfelder. Research. Wiesbaden: Springer VS, 2016.

Noelle-Neumann, Elisabeth: Die Schweigespirale. Öffentliche Meinung – unsere soziale Haut. 6., erw. Neuauflage. München: Langen Müller, 2001.

Oeckl, Albert: Handbuch der Public-Relations-Theorie und Praxis der Öffentlichkeitsarbeit in Deutschland und der Welt. München: Süddeutscher Verlag, 1964

Oeckl, Albert; Kuss, Brigitte: OECKL. Handbuch des Öffentlichen Lebens – Deutschland 2020. Buchausgabe 69. Jahrgang, Bonn: Festland Verlag, 2020.

Panagiotou, George: Bringing SWOT into Focus. In: Business Strategy Review 14, Nr. 2 (June 2003): 8–10.

Pink, Daniel H.: Unsere kreative Zukunft. Warum und wie wir unser Rechtshirnpotenzial entwickeln müssen. 1. Auflage. München: Riemann, 2008.

Piwinger, Manfred; Zerfaß, Ansgar (Hrsg.): Handbuch Unternehmenskommunikation. 1. Auflage. Wiesbaden: Gabler, 2007.

Pörksen, Bernhard; Narr, Andreas: Schöne digitale Welt. Analysen und Einsprüche von Richard Gutjahr, Sascha Lobo, Georg Mascolo, Miriam Meckel, Ranga Yogeshwar und Juli Zeh. Köln: Halem, 2019.

Reins, Armin; Claßen, Veronika; Czopf, Geza: Text sells. Wie Sie Texte schreiben, die wirken. Wie Sie Unternehmen und Marken durch Sprache Profil geben. 2. Auflage. Mainz: Schmidt, 2015.

Remus, Nadine; Rademacher, Lars: Handbuch NGO-Kommunikation. Springer VS Handbuch. Wiesbaden: Springer VS, 2018.

Rennhak, Carsten; Schmidt, Carina: Public Relations klipp & klar. Wiesbaden: Springer, 2020.

Reynolds, Garr: Zen oder die Kunst der Präsentation. Mit einfachen Ideen gestalten und präsentieren. Heidelberg: dpunkt Verlag, 2013.

Rogers, Carl R.; Stein, Brigitte: Der neue Mensch. Konzepte der Humanwissenschaften. 10. Auflage. Stuttgart: Klett-Cotta, 2015.

Röhner, Jessica; Schütz, Astrid: Psychologie der Kommunikation. Basiswissen Psychologie. 2. Auflage. Wiesbaden: Springer, 2016.

Rosling, Hans; Rosling Rönnlund, Anna; Rosling, Ola; Freundl, Hans; Remmler, Hans-Peter; Schreiber, Albrecht: Factfulness. Wie wir lernen, die Welt so zu sehen, wie sie wirklich ist. München: Ullstein, 2019.

Röttger, Ulrike; Kobusch, Jana; Preusse, Joachim: Grundlagen der Public Relations. Eine kommunikationswissenschaftliche Einführung. 3., aktual.und erweiterte Auflage. Studienbücher zur Kommunikations- und Medienwissenschaft. Wiesbaden: Springer VS, 2018.

Rupp, Miriam: Storytelling für Unternehmen. Mit Geschichten zum Erfolg in Content Marketing, PR, Social Media, Employer Branding und Leadership. 1. Aufl. Frechen: mitp, 2016.

Schulz von Thun, Friedemann: Miteinander reden. Störungen und Klärungen. Psychologie der zwischenmenschlichen Kommunikation. Reinbek bei Hamburg: Rowohlt, 1981.

Schulz-Bruhdoel, Norbert; Fürstenau, Katja: Die PR- und Pressefibel. Zielgerichtete Medienarbeit. – das Praxisbuch für Ein- und Aufsteiger. 6., überarbeitete Auflage. Frankfurt am Main: Frankfurter Allgemeine Buch, 2014.

Senger, Harro von: 36 Strategeme für Manager. 5., überarbeitete Auflage. München Wien: Hanser, 2016.

Sengers, Luuk; Hunter, Mark Lee: Drehbuch der Recherche. Das verborgene Szenario. nr-Wekrstatt 25, Netzwerk Recherche, 2018. https://netzwerkrecherche.org/wp-content/uploads/2018/07/nr-Werkstatt-25_web.pdf [13.07.2020]

Sennett, Richard: Verfall und Ende des öffentlichen Lebens. Die Tyrannei der Intimität. Übersetzt von Reinhard Kaiser. 14. Auflage, ungekürzte Ausgabe, Fischer 7353. Frankfurt am Main: Fischer-Taschenbuch-Verlag, 2004.

Thiele, Albert: Präsentieren ohne Stress. Wie Sie Lampenfieber in Auftrittsfreude verwandeln. München: Dt. Taschenbuch-Verlag, 2013.

Vlasic, Andreas: Die Integrationsfunktion der Massenmedien. Begriffsgeschichte, Modelle, Operationalisierung. Wiesbaden: VS Verlag für Sozialwissenschaften, Springer, 2004.

Watzlawick, Paul; Beavin Bavelas, Janet H.; Jackson, Don D.: Menschliche Kommunikation. Formen, Störungen, Paradoxien. Nachdruck der 10., unveränderten Auflage. Bern: Huber, 2003.

Wehling, Elisabeth: Politisches Framing. Wie eine Nation sich ihr Denken einredet – und daraus Politik macht. 1. Auflage. Berlin: Ullstein Taschenbuch Verlag, 2018.

Werner, Katharina: Jürgen Habermas – Strukturwandel der Öffentlichkeit. Betrachtungen zur Neuauflage 1990. München: GRIN Verlag GmbH, 2009.

Willemsen, Roger: Das Hohe Haus. Ein Jahr im Parlament. 8. Auflage. Frankfurt am Main: S. Fischer, 2015.

Zerfaß, Ansgar: Kommunikations-Controlling. In: Meckel, Miriam; Schmid, Beat F. (Hrsg): Unternehmenskommunikation. Wiesbaden: Gabler, 2008: 437–469.

Zerfaß, Ansgar; Volk, Sophie Charlotte: Toolbox Kommunikationsmanagement. Denkwerkzeuge und Methoden für die Steuerung der Unternehmenskommunikation. Heidelberg: Springer Gabler, 2019.

Stichwortverzeichnis

36 chinesische Strategeme 159
6-3-5 Methode 152

A
ABC-Liste 152
Affektive Ziele 108
Aktives Zuhören 51, 68, 125
Analyse 22, 26 ff., 33, 35 f., 39, 41, 52, 64 ff., 78, 83 ff., 103, 112 f., 121, 127, 130, 132, 135, 141, 152, 169, 171, 176, 194 f., 203 f., 208
Anspruchsgruppenmatrix 135
Auftragsklärung 27, 48 ff., 56, 63, 66, 68 ff., 79, 83,
Authentizität 49, 52, 88, 123

B
Botschaften 25, 40, 57, 112, 125, 130, 133, 137, 139 ff., 166, 180, 190, 194, 203 f.
Brainstorming 77, 151, 200
Brainwriting 151 f.
Briefing 31, 39, 45, 53, 63 ff., 83, 149, 151

C
Canvas 203 f.
Compliance 32 f.

D
Debriefing 66, 69, 179
Design-Thinking 37 f., 125, 201
Digitalisierung 9 f., 22, 186 f.
Divergenz 193
Dokumentation 113, 125, 179, 191, 193 f., 196 ff., 202 ff.
Dramaturgie 24, 40, 175 f., 179 f., 180 ff., 194 f., 198, 204

E
Empathie 33, 51, 125, 147, 151
Empathiekarte 125 ff., 151, 197
Erwartungsmanagement 103
Evaluationsinstrumente 112

F
Folgenabschätzung 27, 30
Fragetechniken 50
Framing 16, 146

G
Gesprächsführung 21, 48, 51, 125
Glaubwürdigkeit 24f., 130
Greenwashing 142

H
Heuristik 24, 90

I
Inkongruenz 141 f.
Instrumenteneinsatz 159
Integrierte Kommunikation 180
Interview 78 ff., 125 f., 159, 177, 179, 182, 199
Iteration 26, 144, 148

K
Kampagne 18, 31, 35 f., 53, 69 f., 112, 119, 134, 178, 182 f., 189
Kognitive Ziele 108, 178
Kohärenz 36, 195
Kommunikations-Controlling 111
Kommunikationsmix 40, 160, 175
Kommunikationsziele 69, 101 ff.
Kommunikative Aufgabenstellung 37, 39, 85 f, 91, 98
Konative Ziele 108, 169, 178
Konfliktstrategien 168
Kongruenz 142
Konvergenz 193
Konzeptformate 34 ff.
Körpersprache 51, 56, 142, 197 f.
Kreativtechniken 21, 77, 148f., 150

L
Leitbild 77, 141, 145,

M
Maßnahme 16, 26f., 30, 35, 38, 40, 64, 66, 77, 113, 159f., 175f., 180 ff., 196, 204, 208
Mediation 10, 24, 168, 183
Medienarbeit 12, 36, 77, 109, 181, 183, 187
Medienlandschaft 130 f.
Mehrstufige Kommunikation 130, 134
Mindmap 73, 76 f., 151
Moodboard 76, 125, 200f., 206
Multiplikator*innen 25, 76, 119, 130

N
Nachrichtenwerte 21, 76, 185 f., 188

O
Öffentlichkeit 10 ff., 21, 25, 27, 47, 55, 117 f., 122, 124, 163, 168, 176, 185, 190

P
Persona 127 f., 130, 132, 151
Pitch 31 f., 53, 69
Positionierung 15, 22, 40, 63, 77, 103, 111, 127, 137 ff., 159, 161, 174, 180, 183, 194, 199, 202 ff., 207
Präsentation 22, 30 ff., 48, 50, 53 f., 57, 69 f., 73 f., 99, 125, 135, 148, 179, 191 ff.
Provokationstechnik 91, 151

R
Rebriefing 31, 68 ff., 83
Re-Positionierung 140f.
Recherche 22, 39, 49, 53, 57, 61 ff., 83
Rehearsal 205
Rhetorische Stilmittel 148

S
Schweigespirale 120, 135
Semantische Intuition 152
Sinusmilieus 21,122 f.
SMART 104
Soll-Ist-Vergleich 85, 97 f.
Spieltheorie 12, 164
Stakeholder 50, 78, 97, 110, 112 f., 119, 146, 204
Stakeholder Mapping 78
Stereotype 90, 124 f.
Strategie 16, 22, 26 f., 29 f., 33 ff., 36, 40, 103, 111 ff., 127, 141, 157 ff., 175, 181, 183, 193f., 199, 203, 207
Strategiekonformität 160
Strategieprinzip 159 ff., 167, 170
Strategische Leitidee 36, 160, 162, 167, 170
SWOT 39, 67, 83, 85, 87, 91 ff., 171

T
Taktik 26, 35 f., 77, 112, 160 ff., 174 ff., 194 ff., 200, 204
Teilöffentlichkeiten 21, 25, 118, 124

U
Unique Selling Proposition 145

V-Z
Vier-Ohren-Modell 57

Wissenschaftliches Arbeiten 76 f.

Zeitplan 74, 104, 109, 183
Ziele 65, 103 ff., 127, 129
Zielgruppen 9, 16 f., 27, 31, 37 ff., 72, 77, 103, 108 ff., 115 ff., 139 f., 146, 151, 159, 165 ff., 180, 183, 197, 203
Zielgruppenanalyse 121
Zielpyramide 109 ff.

12.3 Verzeichnis der Fälle nach der Reihenfolge ihres Erscheinens

1. Etikettenschwindel eines Rosenzüchters (Konzepte entwickeln) **28**
2. Social-Media-Wildwuchs im Landschaftsbau (Konzepte entwickeln) **28**
3. Arbeit im stillen Kämmerlein für den Tag des Schrebergartens (Konzeptionsprozesse) **30**
4. Markteinführung neuer Gartenzwerge (Konzeptionsprozesse) **31**
5. Aktionsprogramm insektenfreundliche Privatgärten (Konzeptionsprozesse) **31**
6. Umweltbewegung oder Gartenschau (Konzeptionsprozesse) **33**
7. Genossenschaftsgarten (Konzeptionsprozesse) **33**
8. Co-Creating im Ameisenhügel (Konzeptionsprozesse) **34**
9. Stadtbäume: Hitze als Krise (Auftrag) **45**
10. Urban Gardening: Aufbruch und Blütezeit (Auftrag) **46**
11. Pitch interne Kommunikation eines Kompostanlagenherstellers (Missverständnisse und ihre Folgen) **53**
12. Neuer Studiengang Ökologie & Gartenbau (Missverständnisse und ihre Folgen) **54**
13. Beratungsanfrage eines Herbizid-Herstellers (Auftrag und Inkongruenz) **55**
14. Werbung für Torf (Auftrag und Ethik) **55**
15. Solarzellen für Lauben (Loyalitätskonflikt und Auftrag) **55**
16. Grünflächenamt (Beratungsresistenz und Auftrag) **56**
17. Rollrasenhersteller (Budgetprobleme und Auftrag) **56**
18. Studie „Soziale Teilhabe und Zugang zu Parks und Gärten" (Zeitproblem und Auftrag) **56**
19. Vogelperspektive, Froschperspektive, Fischauge (Aufträge annehmen oder ablehnen) **59**
20. Das Gartenzwerg-Briefing: vier neue Zwerge und viele Fragezeichen (Briefing) **65**
21. Pitch einer Gartencenter-Kette (Briefing und Pitch) **69**
22. Vorsitz im Schrebergartenverein (Briefinggespräch und Beratung) **70**
23. Garten und Artenschutz (Eigenes Briefing, mehrere Präsentationen) **70**
24. Verein zum Schutz von Streuobstwiesen (Briefinggespräch im Workshop) **71**
25. Jubiläum eines Botanischen Gartens (Zwischenpräsentationen) **70**
26. Verband Gartenabfall (Briefinggespräch als Planungsrunde) **71**
27. Schlossgarten und Tourismus (Auftragserteilung) **84**
28. Höhere Hecke: Change in der Kleingartensatzung (Bestandsaufnahme Analyse) **94**
29. Bio-Kiste (SWOT-Analyse) **97**
30. Schleichende Verschotterung: Gärten des Grauens (Ziele) **105**
31. Generationswechsel bei der Garten & Schmuck (Ziele) **110**
32. Bienen retten, aber richtig (Zielgruppen, Rollen und Verhalten) **112**
33. Wohin geht die Laube? (B-to-B) **122**
34. Kompostkisten-Konfigurator (B-to-C) **122**
35. Kernzielgruppe „Jasmin" (Persona) **128**
36. Plantfluencer (Multiplikatoren) **133**
37. Akku-Rasenmäher: Kombination weniger Merkmale (Positionierung) **144**
38. Fleischfressende Pflanze (Positionierung) **155**
39. Tom Saywer und der Gartenzaun (Strategie) **161**
40. Klatschmohn: Überlebensstrategie der Pflanzen (Strategie) **161**
41. Der Fuchs: Hochmut kommt von dem Fall (Konflikt-Strategie) **162**
42. Das Fall mit dem Fallobst (Win-win-Strategie) **170**
43. Aktionskampagne Erdbeerernte (Phasenmodell der Taktik) **177**
44. Langzeitkampagne Unkraut-Bewusstsein (Phasenmodell der Taktik) **178**
45. Krisenfall Blaumeisensterben (Dramaturgie) **179**
46. Bausatz „Cottage Garden" (Dramaturgie) **180**
47. Teegarten: die Herzen gewinnen und den Verstand überzeugen (Präsentation) **193**

Nachwort *und Dank*

Wir danken unseren vielen Auftraggeber*innen dafür, dass sie uns immer wieder in ganz unterschiedliche Kommunikations-Welten entführen und uns ermöglichen das zu tun, was uns herausfordert und Spass macht: nämlich Kommunikationsstrategie zu entwickeln.

Wir danken und gedenken dem verstorbenen Leiter von Frankfurter Allgemeine Buch, Peter Hintereder, der als kreativer Geburtshelfer das Grundkonzept unseres Buches ganz wesentlich unterstützt hat. Wir haben seine ermunternde Art und seine hilfreichen Hinweise sehr zu schätzen gewusst.

Wir danken dem Thüringer Unternehmen Heissner, das die Produktion von Traditionsgartenzwergen aus Ton wieder hat aufleben lassen, und der Firma Gehrke, die uns die Zwerge liebevoll verpackt und kommentiert zugestellt hat.

Dank an Robert Hansen und Felix Bernoully für den redaktionellen Schulterblick zum Schluss, grafische und fotografische Ratschläge und die Zeit zum Rückzug. Unseren Kindern Till und Jinia danken wir für die Geduld.

Ein lautes Wuff an Border Terrier Hannes, der unsere Schreibklausur in den Walliser Alpen mit Gelassenheit begleitet hat.